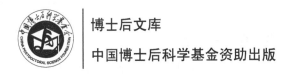

博士后文库

中国博士后科学基金资助出版

面向环境感知的机器嗅觉系统

——气体检测电子鼻及其模式识别技术与应用

冯李航　李　斐　著

科学出版社

北　京

内 容 简 介

本书是一本深入探讨机器嗅觉技术的专业书籍。书中详细介绍了电子鼻的工作原理、设计方法与关键技术，同时还详细阐述了电子鼻在气体检测中的模式识别技术，包括数据采集、特征提取、模式识别算法及系统整合等内容。书中通过理论与实际案例相结合的方式，展示了电子鼻在多个领域的应用前景和挑战，为读者提供了一套系统的机器嗅觉解决方案。

本书适合机器嗅觉领域的研究人员、工程技术人员以及高等院校的师生阅读参考。它不仅能够帮助相关专业的研究生深入理解电子鼻的科学原理和应用技术，还能为从事此类研究的科研人员提供技术支持和实践指导。此外，对于那些对环境监测技术和智能感知设备感兴趣的产业界人士来说，书中的先进技术和应用案例也能提供必要的参考和启示。

图书在版编目（CIP）数据

面向环境感知的机器嗅觉系统 ：气体检测电子鼻及其模式识别技术与应用 / 冯李航，李斐著. -- 北京：科学出版社，2024.10. -- （博士后文库）. -- ISBN 978-7-03-079529-8

Ⅰ．TP212.6

中国国家版本馆 CIP 数据核字第 2024RT3560 号

责任编辑：许　蕾　沈　旭　李佳琴/责任校对：郝璐璐
责任印制：张　伟/封面设计：许　瑞

科学出版社 出版
北京东黄城根北街 16 号
邮政编码：100717
http://www.sciencep.com
北京厚诚则铭印刷科技有限公司印刷
科学出版社发行　各地新华书店经销
*
2024 年 10 月第 一 版　开本：720×1000　1/16
2024 年 10 月第一次印刷　印张：11
字数：220 000
定价：109.00 元
（如有印装质量问题，我社负责调换）

"博士后文库"编委会

主　任　李静海

副主任　侯建国　李培林　夏文峰

秘书长　邱春雷

编　委（按姓氏笔画排序）

"博士后文库"序言

1985 年，在李政道先生的倡议和邓小平同志的亲自关怀下，我国建立了博士后制度，同时设立了博士后科学基金。30 多年来，在党和国家的高度重视下，在社会各方面的关心和支持下，博士后制度为我国培养了一大批青年高层次创新人才。在这一过程中，博士后科学基金发挥了不可替代的独特作用。

博士后科学基金是中国特色博士后制度的重要组成部分，专门用于资助博士后研究人员开展创新探索。博士后科学基金的资助，对正处于独立科研生涯起步阶段的博士后研究人员来说，适逢其时，有利于培养他们独立的科研人格、在选题方面的竞争意识以及负责的精神，是他们独立从事科研工作的"第一桶金"。尽管博士后科学基金资助金额不大，但对博士后青年创新人才的培养和激励作用不可估量。四两拨千斤，博士后科学基金有效地推动了博士后研究人员迅速成长为高水平的研究人才，"小基金发挥了大作用"。

在博士后科学基金的资助下，博士后研究人员的优秀学术成果不断涌现。2013 年，为提高博士后科学基金的资助效益，中国博士后科学基金会联合科学出版社开展了博士后优秀学术专著出版资助工作，通过专家评审遴选出优秀的博士后学术著作，收入"博士后文库"，由博士后科学基金资助、科学出版社出版。我们希望，借此打造专属于博士后学术创新的旗舰图书品牌，激励博士后研究人员潜心科研，扎实治学，提升博士后优秀学术成果的社会影响力。

2015 年，国务院办公厅印发了《关于改革完善博士后制度的意见》（国办发〔2015〕87 号），将"实施自然科学、人文社会科学优秀博士后论著出版支持计划"作为"十三五"期间博士后工作的重要内容和提升博士后研究人员培养质量的重要手段，这更加凸显了出版资助工作的意义。我相信，我们提供的这个出版资助平台将对博士后研究人员激发创新智慧、凝聚创新力量发挥独特的作用，促使博士后研究人员的创新成果更好地服务于创新驱动发展战略和创新型国家的建设。

祝愿广大博士后研究人员在博士后科学基金的资助下早日成长为栋梁之才，为实现中华民族伟大复兴的中国梦做出更大的贡献。

中国博士后科学基金会理事长

前　言

机器人能够像人类一样对世界做出反应，离不开以传感器为基础的环境感知系统，该系统通过应用各类传感器来模拟人类感觉，如视觉、听觉、触觉、嗅觉等。作为一种模拟生物嗅觉感知机理的新型仿生传感技术，机器嗅觉系统（machine olfaction system）主要由交叉敏感的化学气敏传感器阵列和用于气体或气味识别的计算机模式识别算法构成，因此，机器嗅觉系统主要目的是模拟生物嗅觉。机器嗅觉作为一个广义的概念，包含了各种人工或机器的仿生，如植物或动物嗅觉。而在实际生产生活中，机器嗅觉系统的典型代表为电子鼻技术，该技术主要用于检测、分析和鉴别各种气体或气味。一般情况下，气体或气味分子被电子鼻的气敏传感器阵列吸附并产生物理或化学反应的电信号；该信号经过各种方法或算法的加工处理后，最终由计算机模式识别系统做出气体或气味的识别判断。

本书围绕面向环境感知的机器嗅觉系统，以气体检测电子鼻及其模式识别算法来构建了机器嗅觉环境感知的整体理论和技术体系，主要内容包括如下6个部分。第1章主要概述了机器嗅觉的研究背景、意义以及主要内容。第2章以本书作者实际搭建的低浓度气体检测电子鼻系统为例，给出电子鼻系统分析和设计方法，使读者能够对电子鼻配气系统、腔体结构、传感器阵列、数据采集模块、交互软件模块等电子鼻仪器设计有深入的认识。第3章着重介绍电子鼻核心器件即传感器的关键技术，包含响应特性、数据预处理和特征提取等工作，为后续的电子鼻模式识别算法研究打下基础。第4章针对嗅觉传感器阵列的噪声干扰和复杂动态特征问题，提出了一种基于多特征融合和增强卷积神经网络的机器嗅觉模式识别方法。第5章进一步针对嗅觉传感器性能退化引起的漂移问题，提出了多种不同的深度学习算法框架来降低或抑制电子鼻长期漂移，并通过公开数据集和实际数据集进行了对比测试，这些方法为利用先进模式识别方法来改进现有机器嗅觉系统性能提供了思路。第6章根据一种实际中存在的机器人视觉和嗅觉感知场景，对移动机器人地面污迹识别应用进行了研究，通过利用机器嗅觉来增强或弥补视觉感知的不足，搭建了机器人的视嗅融合感知系统，提出一种改进移动机器人地面污迹识别性能的视嗅融合感知模型，并通过静态和动态实验对比，对所提方法有效性进行了验证。

本书的研究内容来源于中国博士后基金项目（2018M632292）"面向环境监察的机器嗅觉及电子鼻技术研究"、国家自然科学基金项目（82061138004）"通过呼气分析快速准确检测 COVID 新技术研究" 和安徽省重大科技专项

（202103a07020014）"基于新型仿生鼻技术的新一代网格化环境检测技术"的支持。本书由南京工业大学电气工程与控制科学学院冯李航和南京工业大学城市建设环境学院李斐共同撰写，其中，冯李航负责仪器系统软硬件设计、传感器数据解析及融合感知模型等内容，李斐负责技术现状调研、环境电子鼻监测算法及机器人应用研究等内容。本书的电子鼻仪器设备研发工作得到了安徽六维传感科技有限公司的支持。在此特别感谢章伟教授的大力支持，还要感谢硕士研究生陈升、曹正阳、张龙等对本书做的图文校对与修改工作。

　　鉴于作者的能力水平和经验有限，撰写中难免存在不足之处，恳请广大读者予以批评和纠正。

目　　录

扫码查看本书彩图

第1章　绪　　论

1.1　电子鼻概念

人工智能科学领域的发展离不开各类信息的获取和辨识。机器嗅觉（machine olfaction），也可狭义地称为电子鼻（electronic nose, e-Nose）技术，是一种利用电子传感装置或仪器来模拟生物嗅觉感知功能的仿生气体或气味的检测技术，是基于气体传感技术的人工仿生嗅觉智能系统[1-3]。

电子鼻技术的研究和发展可追溯到 20 世纪 60 年代。一般认为，1964 年 Wilkens 和 Hartman[4]利用气体在电极上发生的氧化还原反应对气体进行检测是仿生嗅觉电子模拟较早的研究。1965 年，Buck 和 Allen[5]利用气体引起的金属和半导体的电导变化来实现气体的检测或测量，类似地，Dravnieks 和 Trotter[6]则利用气体与金属表面接触的电势变化来进行气体的检测或测量。直到 1982 年，英国华威大学的 Persaud 和 Dodd[7]提出智能化学传感器阵列的概念用以气体的分类识别，从而建立了概念性的仿生嗅觉气体识别系统，其主要包括气敏传感器阵列和模式识别系统两部分。1994 年，Gardner 和 Bartlett[8]正式提出了"电子鼻"的概念定义："电子鼻是一个由具有部分专一性的传感器阵列，结合相应的模式识别算法构成的系统，可用于识别单一或复杂成分的气体或气味。"

通常，人类及哺乳动物的嗅觉系统主要由嗅觉受体（olfactory receptor）、嗅球（olfactory bulb）、大脑皮质（cerebral cortex）等组成。嗅觉受体也称为气味受体，当被激活时，在嗅觉神经元细胞膜中触发神经冲动并将信息传递。生物意义的解释为：气味分子与受体结合致使受体结构发生变化，激活嗅觉受体神经元内部的嗅觉蛋白，进而控制钙离子和钠离子进入细胞，致使嗅觉受体神经元去极化并产生信息传递的动作电位。嗅觉受体感受空气中不同的气味分子，经过初步处理后，传到嗅球。嗅球是大脑皮质的一部分，视为嗅神经的终止核与嗅觉的初级中枢，其生物学的构成主要为由嗅黏膜双极细胞的中枢突组成的嗅神经细胞和纤维。气味信息在嗅球中经过加工，传到大脑皮质并在其中进行解码和深度分析，最终实现判别[9]。作为一种仿生嗅觉系统，电子鼻的基本结构与生物的嗅觉系统相类似，如图 1-1 所示，电子鼻由感知气味信息的传感器阵列单元、处理气味信息的信号处理单元和基于机器学习算法分析气味信息的模式识别单元组成，各个功能模块都能够模拟生物嗅觉的基本功能。相应地，电子鼻的工作流程如下：首先，传感器阵列单元感受被测环境的气体或气味产生响应信号；其次，信号处理单元对检测到的敏感响应信号进行归一化和降噪等预处理；最后，将处理后的信号送入模式识别单元，进而实现气体或气味的种类及浓度信息的预测。

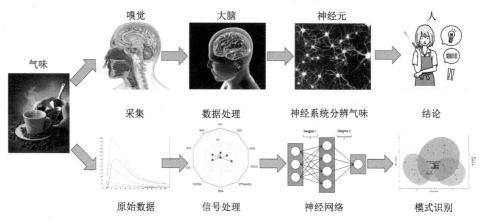

图 1-1　电子鼻与人类嗅觉系统的比较

　　迄今为止，电子鼻虽然已经取得了很大的进展，但是仍然存在很多问题。即便是在面向室内外环境气体检测的常规应用领域[10,11]，电子鼻技术仍然存在很大的挑战，一方面是机器嗅觉系统本身技术仍然不够完备和成熟，如气敏元件的复杂物理化学反应及其干扰气体稳定性问题，又如复杂气敏阵列信号的噪声、信号调制以及高维特征问题，再如气体识别算法的重复训练与模型迁移问题等。另一方面，人们对电子鼻技术的要求不断提高[12-18]，从常规环境气体监测（ppm①级别）提升到流程工艺成分分析、医疗呼吸气体检测、食品腐烂和家庭空气质量的高要求，要达到低浓度或极低浓度（ppb②~ppm 级别）的气体/气味识别能力，能够真正意义替代现有的以色谱、质谱为代表的气体测量技术，做到较低成本、可在线、可原位的实时监控，研发高灵敏度、高选择性和高可靠性的电子鼻技术。

　　本书在项目研究成果的基础上，围绕环境气体检测的机器嗅觉系统——面向低浓度气体检测的电子鼻设计及其模式识别技术展开研究。

---

①　1ppm=10^{-6}。

②　1ppb=10^{-9}。

1.2 机器嗅觉电子鼻国内外研究现状

1.2.1 机器嗅觉研究现状

构建一个机器嗅觉系统，主要涉及传感器阵列单元、信号处理单元和模式识别单元。如图 1-2 所示，机器/人工嗅觉系统的研究按照生物嗅觉的组成：嗅觉受体、嗅球和大脑皮质做类比，可从气体传感器、信号预处理和模式识别算法三个方面进行介绍。

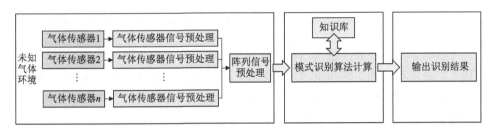

图 1-2 机器/人工嗅觉系统

1. 气体传感器

显然，气体传感器的主要目的为模拟生物嗅觉系统的嗅觉受体细胞功能，实现气体或气味的感知，并引发神经刺激或冲动（电信号）。一般情况下，可采用特殊的材料或结构，使气体在这些材料或结构中通过一些物理或化学反应的机理产生相应的响应，并转化为可检测传输的电信号，即气体传感器的响应信号。从这个角度来看，电子鼻的性能将取决于所采用的敏感元件（气体传感器或气敏阵列）的检测性能。因此，气体传感器必须要有良好的选择性、鲁棒性和广谱性[18]，且尽可能地保证快速响应和快速恢复等要求。常见气体传感器类型见表 1-1。

表 1-1 常见气体传感器类型

气体传感器	原理	尺寸	灵敏度	选择性	价格	功耗	市场份额/%
半导体式	若气体接触到加热的金属氧化物，电阻值相应增大	小	高	低	低	大	25
接触燃烧式	可燃性气体接触到氧气燃烧，使气敏材料铂丝温度升高，电阻值相应增大	大	高	中	高	中	5
化学反应式	气敏元件电极与气体接触发生化学反应，引起电极之间的化学电位差，从而产生电流或电压信号，实现对气体的检测	大	高	高	高	中	50

续表

气体传感器	原理	尺寸	灵敏度	选择性	价格	功耗	市场份额/%
光干涉式	利用与空气的折射率不同而产生的干涉现象	大	中	中	高	大	5
热传导式	导热气敏材料根据不同可燃性气体与空气导热系数的差异来测量气体浓度。通常，当待检测气体的热导率高时，热量将容易从导热气敏材料中消散，并且其电阻将减小	大	低	低	高	大	5
红外吸收散射式	基于不同气体分子的近红外光谱选择吸收特性，利用气体浓度与吸收强度关系（如朗伯–比尔定律）鉴别气体组分并确定其浓度	大	高	中	高	中	10

一般而言，研究并改进气体敏感材料是提高电子鼻传感器性能的关键，随着制造工艺进步和基础生物嗅觉技术的发展，传感器及其气敏阵列（多个气体敏感元件的组合）的结构构型改进也是一个新的发展方向。目前，气体传感器按照工作原理可主要分为以下几个类别：

（1）金属氧化物半导体传感器[19]。其敏感材料采用金属氧化物或掺杂金属单质的金属氧化物等半导体材料。当气体分子接触这些敏感材料表面时，通过加热等方式使气体分子能够在半导体敏感材料表面进行化学吸附或解吸附等作用，从而引起金属氧化物的电导/电阻变化，通过测量产生的电信号实现气体检测，常见的有 SnO_2、ZnO、WO_3 等半导体传感器。半导体传感器一般响应快、成本较低、易于集成为阵列而被广泛应用，但它们也存在着一致性低和寿命较短等问题，同时，经常需要多元件阵列方式来提高选择性。

（2）电化学气体传感器[20]。采用原电池原理，当气体通过传感器内部时，气体分子在传感器的工作电极上发生化学反应（一般为氧化还原反应），从而产生电子迁移的电流，即传感器的气敏响应。电化学气体传感器的优点是灵敏度高和选择性好，因此常用于一些较为精密的气体检测仪器中。电化学气体传感器的主要缺点为：化学反应不同于物理反应，其衰减或寿命问题不仅容易受环境干扰，还会影响测量的稳定性，如灵敏度容易受温湿度影响。同时，相对于半导体传感器其体积一般也更大，且难以进行阵列集成。

（3）导电聚合物气体传感器[21]。将导电聚合物敏感材料（如噻吩、吲哚和聚吡咯）暴露于待测气体中，当气体分子与聚合物结合时可引发材料的导电性变化，可通过电信号的检测来达到检测气体的目的。相对而言，导电聚合物气体传感器的灵敏度比较高、选择性好、体积小。然而，其制作工艺比较复杂、成本高，同时，由于聚合物敏感材料的特异性，这类气体传感器通常集成于特定检测目标的系统中。

（4）新型气敏材料器件[22]。近年来，一些以石墨烯、碳纳米管为材料的气体传感器发展迅速，这些新型材料也展现出了高选择性、高稳定性和高灵敏度的特点，然而它们离大规模应用还有很长距离。另外，从器件结构出发研究气体传感器成为嗅觉传感器阵列的新方向之一，如零维纳米颗粒、一维纳米线和纳米管、二维超薄膜、多层膜、三维纳米介孔材料、多孔聚合物骨架结构等。这些结构增大了气体检测的比表面积，增强了稳定性，但由于受制作工艺的限制，目前还远达不到理想的效果。

阵列组成及方法。一个电子鼻系统中拥有多个气敏传感器构成阵列，每一个气敏传感器都会对复杂成分气体产生响应，现有的阵列组成方式主要有两种：一种是直接集成安装，采用多个气体传感器在一个信号采集板的集成方式，该法简单，可将不同类的气体传感器集成，但尺寸过大，非真正意义上的集成；另一种是以硅片或薄膜为基底，采用微电子机械系统（micro-electromechanical system，MEMS）工艺集成制造气敏传感器阵列，主要面向半导体式气体传感器，具有高灵敏度、集成度高、尺寸小等优点，但相应地，存在信号噪声干扰大、高维信号特征提取复杂的问题。

综上，随着制造工艺和基础生物嗅觉的发展，气体检测技术也在不断提高。然而，目前可同时满足高灵敏度、高选择性、微型化和可集成的气体检测的仍然是金属氧化物半导体传感器阵列技术，这也是未来电子鼻技术的主要发展方向。

2. 信号预处理

通常认为，电子鼻系统中某一个传感器 i 对气体或气味 j 的响应为一个时变信号 $v_{ij}(t)$，即 n 个传感器组成的气敏阵列对气体或气味 j 的响应是 n 维状态空间的一个时变信号 V_j，可记为 $V_j = \{v_{1j}, v_{2j}, \cdots, v_{nj}\}$，气体或气味 j 的响应灵敏度主要取决于传感器的性能、测试环境和信号处理方式等。其中，信号预处理的主要目的为：

（1）消除信号的模糊和失真，可增强有用信息，易于观察和处理；

（2）消除采样过程中引入的噪声和干扰，如背景噪声，提高信噪比；

（3）方便后续的识别算法或处理，可实现部分的特征提取和数据变换工作。

在一个完整的电子鼻系统中，信号预处理主要包含信号滤波或基线校正、数据归一化或标准化、特征选择和特征提取等几个部分。预处理的主要目的是对多源、含噪声、不稳定的数据做准备性工作，为后续的特征提取和模式识别提供数据输入。这些数据将以特征的形式揭示气体或气味信号的内在信息，如用稳态响应的特征和瞬态响应的特征等校正传感器阵列的漂移或误差。常见的电子鼻信号预处理方法如表 1-2 所示，其中：

（1）信号滤波主要是为解决电子鼻仪器自身的系统噪声、随机噪声或实验误差等造成的数据干扰问题,经过信号滤波,传感器的响应信号变得平滑、稳定。

(2)基线校正主要解决传感器初始基准的补偿问题,有降低漂移、放大响应系数与比例缩放的作用,常用的方法有差分法、分式差分法和相对差分法等[23]。

(3)数据归一化或标准化处理是使各个不同的传感器响应相一致,如归一化即为缩放传感器响应于[0,1]、标准化为使得多个传感器响应值处于同一个数量级或无量纲化处理。它们可以为模式识别器中的输入空间准备合适的数据,还可用于解决数据性质不同的问题。

(4)特征选择和特征提取一般是多维传感器的数据信息提取,特征信息越丰富、差异性越大,越能增强模式识别系统的预测精度和鲁棒性。

因此,为了提高电子鼻性能,通常需要多种信号预处理技术及其相互的配合才能为后续模式识别提供稳定、可靠的数据。

表 1-2 一些电子鼻信号预处理方法

算法	公式	传感器类型
差分	$x_{ij} = \left(v_{ij}^{\max} - v_{ij}^{\min} \right)$	电阻型、电容型、功函数型、质量型、电化学型
相对差分	$x_{ij} = \left(v_{ij}^{\max} / v_{ij}^{\min} \right)$	电阻型、质量型
分式差分	$x_{ij} = \left(v_{ij}^{\max} - v_{ij}^{\min} \right) / v_{ij}^{\min}$	电阻型、功函数型
对数	$x_{ij} = \lg \left(v_{ij}^{\max} - v_{ij}^{\min} \right)$	电阻型
传感器归一化	$x_{ij} = \left(x_{ij} - v_{ij}^{\min} \right) / \left(v_{ij}^{\max} - v_{ij}^{\min} \right)$	电阻型、质量型、电化学型
阵列归一化	$x_{ij} = x_{ij} / \sum x_{ij}^2$	电阻型、电容型、功函数型、质量型、电化学型

另外,值得注意的是,特征信息的提取还与信息编码和解码息息相关。通常,为了更加完整和全面地分析气体或气味分子的各种特性,信息的编码需要从时间和空间两个维度进行[24,25]。时间编码主要是基于相关性时间编码的信息传递模式;空间编码指的是神经元间的物理连接。这种意义上,传统的传感器信号特征提取大多从空间编码角度进行研究。Gardner 等[26,27]在深入研究嗅黏膜功能的基础上,通过模拟嗅黏膜在嗅觉系统输入阶段的功能,提出了基于基本结构单元时间编码信息提取方法,从而提高了电子鼻的性能。因此,研究生物嗅觉系统信息的时空编码和融合方法,对揭示携带气体或气味分子的内在特性也具有重要的意义,这也是生物嗅觉系统机制研究的一个重要方向。

3. 模式识别算法

近几年来,以机器学习和深度学习为代表的人工智能的迅速发展,为机器嗅觉的仿生智能系统研究提供了新的理论基础[28]。在电子鼻技术中,数据信号的处理必不可少地需要模式识别这一技术环节，最终完成对目标气体或气味的预测判别。一般情况下，电子鼻技术的模式识别采用监督式机器学习过程，可分为两个阶段：

（1）学习训练阶段，通过已知成分或浓度的被测气体样本来训练电子鼻的模式识别系统，使其学习到气体或气味的知识特征，建立知识库；

（2）应用测试阶段，使用经过训练的模式识别系统（或知识库）对未知的被测气体或气味进行检测识别。

对于特定应用的机器嗅觉系统，当不需要用户进行重复训练和分析数据模型时，在学习训练阶段已经训练完毕的模型参数可被直接编译到电子鼻内部存储器内。当对未知被测物进行测量时，模式识别过程如图 1-3 所示，电子鼻通过对被识别对象进行数据采集、分析和特征提取，匹配出在模型内合适的模式（类别），实现气体或气味的检测识别。

图 1-3　模式识别过程

机器嗅觉系统涉及的是多变量模式分析，通过相应的模式识别算法可对气体或气味进行模式分类，首要解决的是气体或气味的定性识别问题。常用的模式识别方法包括统计模式分析和智能模式分析，如图 1-4 所示，统计模式分析有主成

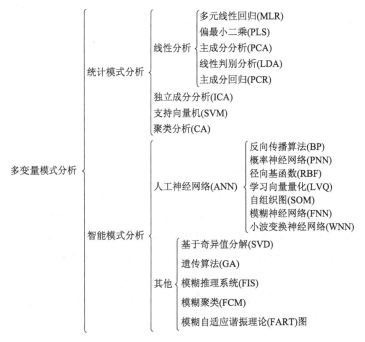

图 1-4　可用于机器嗅觉的模式识别分析方法

分分析（principal component analysis，PCA）[29]、独立成分分析（independent component analysis，ICA）[30]、线性判别分析（linear discriminant analysis，LDA）[31]、聚类分析（cluster analysis，CA）[32]、偏最小二乘（partial least square，PLS）算法[33]等。人工智能的方法包括基于人工神经网络（artificial neural network，ANN）的各种改进模型[34]，能够通过建立气体/气味的分类回归模型对气味信息进行定性或定量的分析，表 1-3 给出了几种常用的电子鼻系统模式识别方法。

表 1-3   几种常用的电子鼻系统模式识别方法

模式识别算法名称	算法思想或处理过程	特征用途
主成分分析 （PCA）	通过正交变换将原始数据转换为一组各维线性无关的变量，即主成分	提取主要特征分量，用于高维数据的降维
线性判别分析 （LDA）	将高维样本投影到最佳鉴别矢量空间，保证样本在子空间的类间距最大和类内距最小	模式样本在投影空间中有最佳的可分离性
反向传播神经网络 （BPNN）	使用反向传播算法对神经网络的权值和阈值进行调整训练，使输出尽可能接近期望值	有自学习、自适应以及强非线性函数逼近能力
概率神经网络 （PNN）	基于贝叶斯决策理论，将神经网络隐含层的激活函数设为高斯型函数	对错误和噪声容忍度高，训练样本要求高

人工神经网络算法因其非线性数据处理能力较强，能够对复杂非线性数据或特征实现有效的拟合，特别是近年来深度学习快速发展，采用深层神经网络架构的机器嗅觉模型更是引起了研究者的关注。深度学习的本质是将原有浅层神经网络（如多层感知机）仿照生物大脑感官信息的深层传递和解析方式进行扩展，以大量简单神经元组成的多层网络为基础，将每层神经元的输出都连接到更高层神经元的输入，将低层神经网络的特征组合成更高层的抽象表示，来研究数据更深层次的特征。最终网络根据学习到的参数进行前馈计算，将原始输入映射到各隐藏层次的特征，数据样本的最终特征即为最顶层的输出，然后利用各类算法进行分类[35,36]。

深度学习的方法第一次在机器嗅觉领域被应用是 Längkvist 和 Loutfi[37]利用深度学习的方法对仿生嗅觉进行了研究，并运用这种方法对电子鼻进行了初步的探索和可行性分析，在探究利用深度学习解决气体识别问题的可行性方面迈出了重要的一步。基于深度学习算法框架来搭建机器嗅觉的模式识别系统，其最大优势在于它有着极强的对复杂函数进行表达的能力，能够克服简单神经网络、SVM 这类浅层算法在对复杂分类问题进行处理时因为样本和计算单元数量过少表现出的性能缺陷和泛化问题，能够为解决现有电子鼻系统的高维噪声干扰、复杂特征提取、信号长期漂移等问题提供一种新的思路。

1.2.2 环境电子鼻技术现状

环境检测与监控是环境保护的基础工作，以获取具有代表性、准确性、可比性和完整性的环境信息为直接目标。仪器科学与技术则是获得环境检测与监控数据的重要手段和基础，在环保管理的整个实施过程必不可缺[38]。目前，环境连续监测在人们逐步重视环境质量和污染物排放中越来越受到重视，其核心离不开环境连续监测技术和仪器的应用。

环境检测与监控主要涉及大气质量监测、污水和固体废物排放的气体检测与监控。根据检测对象的物理化学特性以及污染物质在气液、固液中的分布特性，通过对气相的检测能反演液相和固相的污染状态，因此，气体检测分析技术在环境检测与监控中排首位。

目前，现有的气体检测分析技术主要有两类：仪器分析法和嗅觉测量法。仪器分析法灵敏度和精度高、重复性好，但需要昂贵的仪器，通常只适用于实验室使用，一般分析周期较长。嗅觉测量法利用训练有素的嗅辨员对气体进行分析，通常在低浓度和有毒物质氛围下不适用，因嗅辨员存在疲劳问题，同时嗅辨员的主观性会带来不确定性的测量误差。

随着传感器技术和信号处理技术的发展，从 20 世纪 80 年代开始不断发展起来的电子鼻技术目前已经成为一种快速、便携和有效的气体检测分析技术。在环境检测和监控领域的研究也日益发挥重要的作用[39,40]，尤其是在大气、水体和土壤质量的持续在线监测监控方面，这种非侵入式的电子鼻技术为其提供了一种合适的替代方法[41]。

1. 环境监测电子鼻技术进展和应用现状

本节主要综述电子鼻技术在环境检测和监控各领域的研究进展和应用现状。从实际应用情况来看，电子鼻技术在环境检测和监控领域主要涉及[40]：①气体污染排放源的直接检测；②大范围空气污染程度的室外空气质量监测；③室内空气质量监测，包括住宅、工作场所、车厢及航天航空器等；④污水、受污染土壤及固体废物的顶空气体检测分析。以下根据检测对象的物理状态，即气、液、固分别介绍电子鼻在相应领域的应用。

1）大气

大气质量检测主要包括污染源的监测以及室外/室内空气质量的评价。可燃气体是石油、化工、燃气、消防、冶金及采矿等行业中重点监测对象，电子鼻技术在这些领域可发挥重要的作用。中国矿业大学瓦斯及安全监测技术研究所的张愉等[42]通过控制单一的热催化传感器在不同的温度工作以模拟多个传感器，这种温度调制后的多个信号作为径向基神经网络输入，进而构建了一种进行可燃混合气体识别的方法。Lee 等[43]利用不同掺杂设计 SnO_2 敏感膜构建了九个传感器的阵列，采用反馈神经网络作为模式识别算法对甲烷、丙烷和丁烷的混合气体进行检测，系统可以有效地区分三种组分，且检测限均低于各自的最低爆炸极限，表明电子鼻技术在可燃气体泄漏预警中应用的可行性。

养殖场释放气体往往是农村或郊区空气污染的主要来源。Sohn 等[44]建立了一套含有 24 个金属氧化物传感器和 1 个温湿度传感器的电子鼻系统,采用偏最小二乘法来计算气体的浓度，结果表明该电子鼻可精确有效地检测养殖场的气体排放浓度，并被用于全天候连续监控来解决常规动态嗅觉测量法的高成本、高劳力与非全时工作等问题。后续工作研究中，Jie 等[45]还采用电子鼻技术进行了养殖场气体生物过滤处理系统的性能评价研究。Pan 和 Yang[46]构建了用于养殖场释放气体分析的多电子鼻感知网络系统：在养殖场内部及周边分别放置多个电子鼻仪器来实现多点的连续监测，通过在电子鼻仪器上配备无线传输功能来获取各节点的实时信息，从而可整体地计算和预测气体的实时传播状态，为多电子鼻感知网络和大范围气体管理研究提供了参考。在其他潜在的大气污染源，如制革厂[47]、化肥厂[48]等领域，电子鼻也有成功的应用。王晞雯[38]同时利用电子鼻和气相色谱与质谱联用（GCMS）分析方法对堆肥过程中的废气进行检测，其结论也表明，利用电子鼻监测堆肥过程比传统检测方法更加快速、简洁。

恶臭气体是对人的健康和设备具有危害的另一大污染源，其来源主要有污水处理厂、垃圾站及填埋场等。前述的嗅觉测量法和仪器分析法是检测恶臭气体的手段。嗅觉测量法的功能性极差，特别不适于低浓度和有毒物质的检测。仪器分析法一般采用化学检测方法对臭味分子进行解析，但检测会受到一些化合物检测阈值的限制，如嗅阈值极低的硫醇。另外，化学检测方法因为无法避免混合后气体的协同、掩蔽或放大作用，也几乎难以分辨混合物质中潜在的臭味物质。因此，采用先进的电子鼻技术既具有快速、明确的优点，又能够解决混合物质无法检测的难题，是一种潜力巨大的技术。特别是近年来电子鼻技术发展迅速，一些用于分析低浓度臭气或专用于人体健康的有毒有害臭气的检测也逐渐开展。Micone 和 Guy[49]开展了电子鼻定量分析垃圾填埋气的研究，构建了基于多层感知神经网络的模式识别模型，并进行了测试，结果表明电子鼻模式识别方法可有效识别出垃圾填埋气。Littarru[50]则结合了动态嗅觉法和电子鼻技术检测污水处理厂和化工厂恶臭，根据动态嗅觉法获得的定量的恶臭气体信息，可用于电子鼻模式识别算法的训练，之后应用训练好的电子鼻去实现未知恶臭气体的快速和低成本检测分析。

室内空气质量检测尤其是挥发性有机物（VOC）识别是目前室内空气实时监测的主要研究方向。电子鼻技术在这方面的研究是当下的热点。复旦大学张良谊等[51]研制了可定量检测空气中甲醛的便携式电子鼻，该电子鼻仪器由 4 个金属氧化物半导体传感器构成阵列，并配以模糊神经网络的模式识别算法。张勇等[52]把电子鼻技术用于大气环境气体监测的研究中，基于模拟退火算法提出了分步分档的模式识别方法，结果表明其可用于 4 种不同组分的混合气体的精确识别。Zampolli 等[53]构建了用于室内 CO 和 NO$_2$ 检测的电子鼻，采用温湿度信息对金属氧化物半导体气敏阵列的检测信号进行校准，进而提高其模式识别算法的预测精度。结果表明，该系统可以识别和区分体积分数低至 2×10^{-10} 的 NO$_2$ 和 5×10^{-6} 的 CO。美国航空航天局（NASA）对开发相关的电子鼻技术展现出极大兴趣，肯尼迪航天中心的 Young 等[54]进行了航天器内电子鼻的应用研究，主要用于：①太空舱空气中污染物的检测；②气闸室内可燃推进剂检测；③电气火灾燃烧前特征气体的检测。实验结果证实了电子鼻在这些应用中的可行性。

2）水体

污水处理厂的进水、处理过程及出水的水质实时监测是污水处理过程反馈控制和优化运行的重要信息基础，电子鼻技术在该领域也发挥着重要作用，主要是利用电子鼻检测水样顶空气体，从而快速评价生活用水或污水水质[55]。早在 1999 年，Stuetz 等[56]就提出了用电子鼻进行污水检测的应用，测试结果表明在中短时期内的电子鼻效果较好。随后，Bourgeois 等[57]、Bourgeois 和 Stuetz[58]利用电子鼻搭建了废水质量在线测量系统，当水样在流动池中实时运动时，其顶空气体被载气（氮气）带入电子鼻的检测腔，通过腔内的气体传感器（12 个导电聚合物传感器组成的阵列）来实时监测污水状态。他们还同时设计了三因素二水平实验来研究温度、气流速率和喷头孔数的影响，从而确定系统运行的最佳条件。这些研究初步展示了电子鼻在污水质量监测上的潜力，但这些早期的研究并没有很好地建立一些电子鼻检测分析的定量关系模型，还需进一步地提升。

基于电子鼻的气味检测功能，Baby 等[59]根据气体进一步识别水体中低浓度的林丹（lindane，一种杀虫剂）和硝基苯，该电子鼻系统包含了两个气敏阵列（每一阵列为有 8 个 SnO$_2$ 敏感膜的石英晶体微天平传感器），计算结果表明，电子鼻检测这两种水体污染物的检测限可分别达到 1mg/L 和 500mg/L，方法简便快速，重复性良好。清华大学 Fang 等[60]也尝试了将电子鼻系统应用于污水水质的检测，开发了有 4 个金属氧化物半导体传感器和反馈神经网络模式识别方法的电子鼻仪器。该研究通过分析液体中氨氮的氨分子的存在形式和液相与气相中的分布平衡机理，在反应腔中将污水与强碱混合，进而采用顶空法检测腔内的氨浓度（气相）来反演水体的氨氮浓度。

Stuetz 等[61]利用电子鼻研究饮用水的污染状况，测试水样中分别含有不同浓度的土臭素、二氯酚、苯酚、2-甲基异莰醇（2-MIB）、柴油和 2-氯-6-甲基苯酚。其采用判别分析来区分污染和未污染的样品，研究结果还验证了该检测方法的重复性。Canhoto 和 Magan[62]利用两种电子鼻（eNOSE 4000 和 BH-114）进行了饮用水细菌和杀虫剂的检测。分析结果表明，电子鼻可以有效检测识别到大肠杆菌、产气肠杆菌和绿脓假单胞菌，可有效识别真菌类孢子，如黄曲霉、大刀镰孢和青霉菌，同时还能对痕量的杀虫剂（DDT 和狄氏剂）进行检测。Bastos 和 Magan[63]开展了电子鼻检测饮用水中链霉菌的研究，其主要目的为通过快速检测微生物特别是早期分化链霉菌产生的土臭素，来研究饮用水质恶化问题。其采用了一个由 14 个导电聚合物传感器组成的电子鼻，测试样本为加入不同浓度的土臭素的水体，集气方式为顶空法。识别结果表明，电子鼻可检测到微生物挥发性气体产物的差异，进而能够鉴别链霉菌的不同分化阶段与不同的链霉菌种类。

3）土壤和固体废物

相对大气和水质监测，电子鼻在土壤和固体废物方面的应用研究还较少。为了检测不同土壤的挥发性气体，Bastos 和 Magan[64]同样基于聚合物传感器阵列的电子鼻，通过顶空法集气来分析土壤挥发性气体，进而根据气体的检测结果来区分与获取土壤的不同物理性质、不同营养成分。研究表明，土壤的挥发性气体可能与其中的微生物代谢活动有关，因此，电子鼻检测的土壤挥发性气体实质上也反映了微生物的群落结构及其生物特性，即检测微生物挥发性气体来进行微生物群落研究也是一个潜在的方向。在土壤检测分析研究方面，相对于传统的土壤取样和实验室分析，电子鼻具有便携、快速、多功能、可自动化和在线监测等优点。

2. 环境监测电子鼻及其商业产品现状

目前，世界上商业电子鼻产品的供应商已经有 20 余家，从事电子鼻研究的机构也异常多，代表性的电子鼻产品有：法国 Alpha-MOS 的桌面型 FOX 系列电子鼻[65]、美国加利福尼亚 Cyranose 系列便携式电子鼻[66]、德国 AIRSENSE 公司的 PEN（portable electronic nose）系列电子鼻[67]等，如图 1-5、表 1-4 和表 1-5 所示。

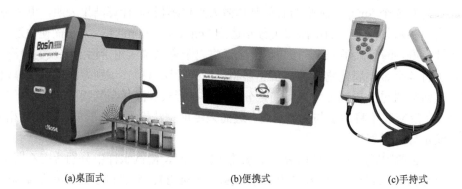

(a)桌面式　　　　　　　　　(b)便携式　　　　　　　　　(c)手持式

图 1-5　典型商业电子鼻产品

表 1-4 电子鼻产品

产品	传感器类型	传感器数量	模式识别	价格/万美元
法 Alpha-MOS	CP、MOS、QCM 等	6～24	ANN、DFA、PCA	2～10
英 Osmetech	CP	32	ANN	2～7.5
英 Bloodhound Sensors Ltd.	CP	14	ANN、CA、PCA	—
美 Cyrano Science Inc.	CP	32	PCA	0.5
英 EEV Ltd.	CP、MOS、QCM 等	8～28	ANN、DFA、PCA	—
美 Electronic Sensor Inc.	GC 柱、SAW	1	SPR	2～2.5
德 Lennartz Electronic gmbH	MOS、QCM	16～40	ANN、PCA	5.5
德 RST Rostock Raumfahrt	MOS、QCM、SAW	6～10	ANN、CA、PCA	5
瑞典 Nordic Sensor Tech AB	IR、MOS、MOSFET	22	ANN、PCA	4～6

表 1-5 商品推广较好的电子鼻产品

名称	传感器类型	传感器个数	应用环境	生产研发单位及国别
PEN2	MOS	10	食品、环境	Gmb 公司（德）
MOSES Ⅱ	CP、MOS	24	橄榄油、塑料	Ubingen 大学（德）
BH114	CP、MOS	16	一般可燃气体	Leeds 大学（德）
FOX2000	MOS	6	一般可燃气体	Alpha 公司（法）

无论是作为一种通用检测技术，还是将电子鼻开发为专用的气体检测仪器，电子鼻技术都展现出了诸多优势和巨大潜力。尽管如此，也必须认识到电子鼻技术目前还不能取代现有的技术和方法，通常与现有的各种技术互补。从电子鼻的仿生角度来看，电子鼻主要用于气体或气味定性和定量分析，是非常适用于环境检测与监测领域的。然而，电子鼻的模式识别算法通常需要通过大样本的训练或学习，这需要大量的已知或含标签样本；现实问题是这些真值样本的获取是具有一定难度的，其难点主要为样本检测时的环境背景噪声与干扰，并且这种干扰也存在于训练好的模式识别应用问题中。从模式识别算法的角度来看，大量的样本本身就给算法的设计带来了困难，增加了模型的复杂程度，尽管近些年的深度学习技术的发展提出了解决方案，还未形成大规模的验证应用。从电子鼻的器件工艺角度来看，受传感器材料和工艺的影响，电子鼻的分析精度和重复性与精密分析仪器相比还有欠缺。

综上可知，电子鼻在环境监测中的应用可定位在大样本初筛、突发污染应急快速筛查和污染源排放报警性监测等方面。且随着现场在线连续监测的需求越来越大，电子鼻可发挥很大的作用，未来以下几个方面的研究或许能推动电子鼻在环境监测的应用：①高集成度微传感器阵列工艺，如硅基半导体式的高集成气敏阵列；②深度学习技术应用于电子鼻数据预处理，如深度学习挖掘传感器信号的深层特征，进而提高补偿和校准的精度；③电子鼻模式识别技术，特别是在线学习和自适应更新将有望解决电子鼻信号的漂移和不稳定问题；④环境检测与监控的参数反演模型研究和模型的可靠性及泛化性能研究；⑤基于电子鼻技术的机器嗅觉或机器人嗅觉感知，有望真正应用于移动环境的检测或监控的仿生嗅觉技术。

1.2.3　低浓度气体检测电子鼻技术

尽管电子鼻系统诞生至今已经在医学[14,68-70]、食品饮料[71-73]、酒类[74-76]等领域取得了不少成就，但多数电子鼻的检测下限只能达到 ppm 级别，对于低浓度或极低浓度（ppb～ppm 级别）的气体/气味识别，还无法满足要求。面向低浓度气体检测的电子鼻在诸如流程工业微量气体控制、室内环境低浓度气体检测、呼吸气体用于疾病诊断等方面，其检测限在 ppb～ppm 级别都有着更高的要求，主要体现在以下 4 个方面。

1. 气体检测的行业应用需求提高

现代技术的进步，特别是大数据和人工智能的发展加速了气体检测及其仿生仪器的研究和产品发展。电子鼻应用的检测要求呈现：①多样性，如石化、冶金、膜工业、造纸、食品等领域的流程工业，以及面向室内环境预警、医疗呼吸气体等细分行业；②量程覆盖广，如流程工业常见几种气体的检测范围，二氧化碳（CO_2）的范围为 0～5000ppm、二氧化硫（SO_2）的范围为 0～100ppm、氮氧化物（NO_x）的范围为 0～50ppm、甲醛（HCHO）的范围为 0～100ppm、丙酮（C_3H_6O）的范围为 0～100ppm；③精度要求高，即一些精细行业要求极低浓度气体的过程控制，要求检测限在 ppb～ppm 级别，甚至是痕量气体检测；④微型低功耗，尺寸小，集成度高，能耗要求小于百毫瓦。

低浓度环境气体的一个典型应用，如燃气发电和流程工业中的瓦斯气体检测。当瓦斯大量泄漏时，人们可以通过瓦斯的气味发现危险，但是管道损伤的气体泄漏多数情况属于微量泄漏，气体烟羽扩散至室内场景环境时已经进一步稀释，使得预警和发觉很难，使用低浓度气体检测电子鼻技术即可避免这一危险。

医用电子鼻也是低浓度气体检测的主要应用方向之一。现有的研究文献已经得出结论：人类呼出气体中的内源性丙酮与人体血糖的浓度之间存在一定的相关性。利用呼吸气体进行人体疾病的早期诊断研究潜力巨大，如纽约州立大学石溪分校 Wang 等[77]使用铁电 WO_3 构建的医用电子鼻，又如瑞士苏黎世联邦理工学院的 Righettoni 等[78]根据糖尿病标志物（丙酮）的气体检测，用 Si：WO_3 构建了糖尿病检测电子鼻。可用于检测的人体呼出气体以挥发性有机物（VOC）为主，并且气体浓度分布很低或极低（ppb～ppm 级别），因此，研究能够真正意义替代现有的以色谱、质谱为代表的低浓度气体检测技术，做到较低成本、可在线、可原位的实时监控，研究高灵敏度、高选择性和高可靠性的电子鼻具有重要意义。

2. 现有气体传感器的检测受限

气体检测分析仪器的核心是各类气体传感器件。在这些传感器中，电化学传感器难以避免干扰气体对电解液的信号干扰，寿命低，存在二次污染问题；且难以与处理电路集成；光学传感器适宜中低浓度的气体测量，对低浓度缺乏敏感性；基于金属氧化物材料的半导体传感器具有长期稳定性、高灵敏度、微纳米级的尺寸和超低的价格等优势，但选择性低、功耗高。目前，多数基于气体传感器开发的在线分析仪较为笨重、响应时间长，其内部的传感器不能独立满足气体传感器应用中高灵敏度、高选择性、长期稳定性和可靠性的要求。图 1-6 给出了现有气体传感器与气体分析仪的对比。

		灵敏度	选择性	价格	尺寸
气质联谱		高	高	100万元	大
气相色谱		高	高	60万元	大
荧光光谱		高	高	20万元	中
气体传感器	电解质传感器	中	中	1200元	小
	催化燃烧传感器	中	差	1000元	小
	热传导传感器	中	差	1000元	小
	半导体传感器	高	差	600元	小
	红外光学传感器	高	高	1200元	小

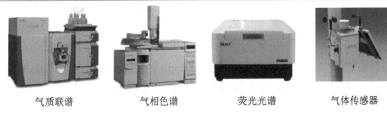

气质联谱　　　　　气相色谱　　　　　荧光光谱　　　　　气体传感器

图 1-6　现有气体传感器与气体分析仪的对比

2019 年国家重点研发计划"制造基础技术与关键部件"有关"硅基 MEMS 气体传感器关键技术"的项目指南中[79]，列出了流程工业环境气体检测的要求，提出可检测气体种类及参数：二氧化碳（0～5000ppm）、二氧化硫（0～100ppm）、氮氧化物（0～50ppm）、甲醛（0～100ppm）、丙酮（0～100ppm），测量误差≤±2%；长期稳定性≤1%FS/a，芯片尺寸≤20mm×10mm×5mm。尽管基于红外光学的硅基 MEMS 气体传感器能够满足大部分的测量范围，但红外光学传感器主要利用气体的光学吸收谱实现测量，如图 1-7 所示，主要应用于中、高浓度的气体检测，且在大量程检测范围内的低浓度气体分辨率将变得很低。例如，CO_2 在 $0\sim5000ppm$ 范围和 2%误差下的最低检测限仅为 100ppm，难以满足气体全量程检测的高精度检测要求。

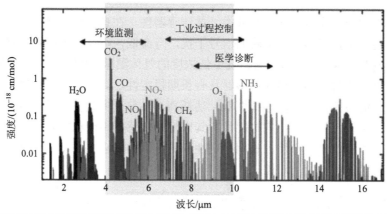

物质种类	红外特征峰	国标
二氧化碳(CO_2)	$1.573\mu m$、$\mathbf{4.26\mu m}$	非分散红外4.26μm
二氧化硫(SO_2)	$3.98\mu m$、$\mathbf{7.35\mu m}$、$8.70\mu m$	紫外330μm
氮氧化物(NO_x)	一氧化氮：$\mathbf{5.3\mu m}$ 二氧化氮：$\mathbf{6.23\mu m}$	国标1：$5.3\mu m$ 国标2：紫外差分法
甲醛(HCHO)	$3.514\mu m$、$\mathbf{3.607\mu m}$、$5.770\mu m$	无国标(酚试剂630nm)
丙酮(CH_3COCH_3)	$5.718\mu m$、$\mathbf{893\mu m}$	气相色谱检测(GC)检测

图 1-7　红外光学传感器的气体检测光学吸收谱
注：加粗字体为不冲突特征峰

因此，基于半导体气体传感器的电子鼻技术将在低浓度或极低浓度的环境检测中起到重要的补充作用，理论上可实现 50ppb～100ppm 范围内仍然保持 100ppb 灵敏度，通过电子鼻技术达到多种混合气体的高精度识别。

3. 气体预浓缩装置的研究现状

环境气体检测中，空气污染中的绝大部分有害物质含量都极低，检测空气污染物需要采用高灵敏度的传感器。尽管基于金属氧化物半导体的 MEMS 气体传感器件的检测下限能够达到低浓度级别，但对气敏材料合成和器件制造工艺的要求高、成本贵。在面向低浓度气体检测的电子鼻技术中，更为实际的方式为采用气体浓缩或富集装置，将 ppb 级浓度的气体/气味浓缩到 ppm 级之后再使用电子鼻进行检测。采用预浓缩装置将被测气体浓度提升后，即可用极低的成本完成气体检测或气味识别。

浓缩采样是针对样本气体所采取的预处理措施。通过浓缩采样，实现样本气体的浓度或是其组分的改变，进而实现样本气体的有效检测。浓缩采样本质上是对吸附剂的综合运用。通过使用吸附剂，对样本气体中的某种关键成分进行有效吸附，而后通过吸附剂的加热脱附来实现气体浓缩。在低浓度样本气体的检测过程中，预浓缩装置的效果是极为显著的。响应信号的从无到有，这对样本气体的检测过程而言具有非凡的意义。一般情况下，通过对样本气体的吸附及加热脱附操作来实现浓缩，但需要注意的是，吸附剂本身具备了一定的选择吸附性。对于某种确定的气体，所选择的吸附剂类型应该是确定的。这一特性与传感器的选择性类似。此外，随着浓缩后样本气体的主要气体成分浓度的上升，干扰气体成分的浓度将降低，因此浓缩采样不仅能提升有效气体的浓度，对干扰气体的抑制也具有一定的积极意义。

为了解决气体检测下限的问题，国内外学者较早地对气体预浓缩装置开展了研究，主要利用了气体吸附—加热—脱附的过程，开发出动态顶空（dynamic headspace，DH）法气体预浓缩装置。动态顶空法[80]也被称为吹扫捕集法，最开始用于气相色谱/质谱（gas chromatography mass spectrometry，GC/MS）法采集样本，具体操作方法是向容器的顶空喷射多孔高聚物，该物质能收集低浓度气体中的挥发物质。此时，气体预浓缩装置采用高纯氮气等惰性气体，连续吹扫出待测样本中的挥发性组分；这些组分将跟随气流一同进入捕集器之中，而后将被捕集器所捕集；最终采用加热的方式将捕集到的组分进行脱附。该法不仅可用于复杂物质中具备较高挥发性组分的分析，对低浓度或是不易挥发的组分分析也同样适用。动态顶空法几乎可以萃取出所有的被测物，不仅可以达到较高的萃取速率，同时还能将被测物完整浓缩，从而提升传感器的检测灵敏度。

研究具备富集（浓缩）装置的低浓度气体识别电子鼻技术具有重要的意义。Rivai 和 Talakua[81]基于 Tenax GR 吸附剂研制了预浓缩装置，使得电子鼻能够正常检测到低浓度的乙醇、苯和丙酮气体。McCartney 等[82]在综合运用微机电系统技术的基础上，完成了微型预浓缩装置的研制工作，其内部使用的吸附剂为 Tenax-TA。在预浓缩装置的性能验证过程中，用到了气相色谱仪。胥勋涛等[83]在吸附—加热—脱附技术的基础上，完成了气体浓缩平台的搭建，从而使电子鼻对伤口病原菌的检测能力大幅度提升。基于预浓缩装置及电子鼻的综合运用，Furlong 和 Stewart[84]对石化助剂厂和污水处理站的现场气味进行了客观检测，在检测的基础上实现了对不同气味区域的有效分类。基于相关研究，胡嘉浩[85]研制了一种与电子鼻相接的预浓缩装置，同时以白酒为研究对象，进行了浓缩实验，在实验过程中对装置的各方面性能进行了评估。程录和孟庆浩[86]也提出了一种基于吸附—加热—脱附原理的浓缩方案，该方案实现了预浓缩装置与电子鼻之间的有效连接，最终解决了电子鼻对低浓度 VOC 检测难度较大的问题。采用预浓缩装置加报警装置，为瓦斯的安全使用增添了一份保障。

按照动态顶空法的富集（浓缩）装置工作流程划分，又可以细分为吸附剂捕集模式和冷阱捕集模式。本节将设计并选用的为吸附剂捕集模式的预浓缩装置。就该模式而言，吹扫出的组分被捕集到适当的介质之上，这类介质内含多孔物质吸附剂。常见的吸附剂包括硅胶、活性炭等，但它们并不适用于动态顶空法，究其原因，主要是这些吸附剂表面活性过高。目前，常用于动态顶空法的吸附剂可大致归纳为以下几类：Chromosorb 系列吸附剂、碳分子筛（如 Carbosieve S-Ⅲ、Carboxen 1000、Carboxen 1003）、Porapak 系列（苯乙烯和二乙烯基苯类聚体的多孔微球）、石墨化碳基吸附剂（如 Carbotrap B、Carbotrap C）、各种高聚物多孔微球和 Tenax-TA（2,6-二苯呋喃多孔聚合物）。当下应用最为广泛的还属 Tenax-TA，此类吸附剂具备了较高的稳定性，即便是在 350℃的高温条件下也难以分解，不仅如此，它对水具有较低的吸附程度，因此适用于液态物质中挥发性成分的分析。

4. 低浓度气体识别电子鼻系统集成

在气体传感器类型的选择上，从成本的角度考虑，电子鼻系统往往对金属氧化物半导体（metal oxide semiconductor, MOS）型传感器青睐有加[87,88]。此类传感器具备了 ppm 级的检测下限。正因该检测下限的存在，使得生活中处处存在的低浓度气体检测的实现具备了可能。在低浓度气体的检测过程中，除了使用电子鼻之外，还应将预浓缩装置作为一种辅助系统，由辅助系统来提升待测气体的浓度，之后再由电子鼻来完成其检测和分析工作。

然而仅研究气体浓缩或富集装置是不够的，电子鼻系统还包括前处理装置、传感腔结构设计、腔体温控系统、后处理模块等，以及整机系统的集成与测试工作等，系统框图如图 1-8 所示。①首先，过滤除湿装置在气体预浓缩装置之后，用于处理浓缩后气体中含有的少量水、油等杂质成分，减少对气体传感器的干扰，可选的过滤芯材有玻璃纤维、$CaCl_2$ 颗粒等。②温度和湿度是影响气体传感器检测效果的重要因素，为了进一步提高检测稳定性，可通过设计闭环反馈电路来控制和稳定测量系统的温度和湿度，改善气体测量的系统稳定性和准确度，有效控制环境背景的干扰，提高检测精度。③考虑到气流状态对气体传感器的影响，还需要进行腔体结构设计和优化，研究气体流速、压强及湍流度等因素对敏感特性的影响。④气体流动状态的差异会造成气体分子触碰气敏材料的方式发生改变，且会使得气敏材料的动力学特性不稳定，进而造成目标气体与半导体气敏材料发生化学反应的速率不恒定，最终影响气体传感器的检测性能。⑤与此同时，传感器阵列在腔体内也需科学合理的排布。根据目标气体类别和特性，选择特异性较好的气敏传感器；需经过理论分析与实验探索，获取腔体内气体流动状态最平稳的位置，可有效提高检测精度和稳定性。⑥最后，完成与气敏阵列和各个模块的集成，完善气体分析仪的软硬件设计，经过测试和标定，最终实现面向低浓度气体识别的电子鼻系统。

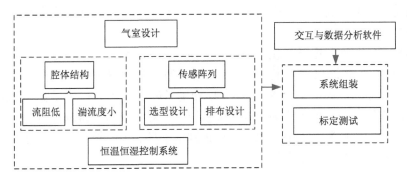

图 1-8 电子鼻系统集成方案

Rivai 和 Talakua[81]基于 Tenax GR 吸附剂研制了预浓缩器,使电子鼻系统具有更高的灵敏度,并使得电子鼻能够成功地区分低浓度的乙醇、苯和丙酮等 VOC。此方法实现了富集装置配合电子鼻检测低浓度 VOC(图 1-9),但该方案只是识别不同的单一 VOC,没有具体的气味评价方法。徐耀宗等[89]利用光离子化检测器和自主设计的 VOC 采集装置组成电子鼻设备,用于分析待测产品的 VOC 散发量,并给出待测样品中 VOC 的实时浓度。该方法只能检测到总的 VOC 浓度,没有 MOS 传感器阵列的响应信息和相关的气味评价方法,且光离子化检测器价格较贵。孟庆浩和程录[90]针对车内低浓度气味(通常为 ppb 量级)的 MOS 电子鼻无响应问题,提出了基于具有富集功能的手持式电子鼻系统,建立一套低浓度车内气味等级评价方法,既能解决电子鼻检测下限的问题,又能代替人类评价员和大

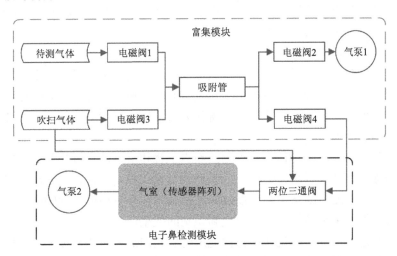

图 1-9 电子鼻富集装置与检测模块的连接

型气体分析仪器进行快速的检测与评价。贾鹏飞[91]从数据处理角度进行了全局和局部的特征提取，通过特征融合来揭示电子鼻在低浓度气体样本检测的特征，提高检测精度。

尽管已经有部分电子鼻仪器进行了到商业化的产品开发，但这些集成了各个模块的电子鼻整机仪器价格昂贵，甚至多数采用了模块分立售卖，如德国AIRSENSE 系列产品[67]的浓缩模块 EDU 和电子鼻仪器 PEN3。为了实现低浓度环境气体的识别，合理地集成多部件、多模块，并对集成的仪器进行高精度自校准以及有效的误差控制是本书低浓度气体识别电子鼻的关键技术之一，可有效提高仪器的检测精度和系统稳定性。

1.3 本书结构与主要内容

本书内容、章节之间的关系及其整体结构如图 1-10 所示。研究过程中将采取软件与硬件结合，理论分析与实验相结合的研究方法。具体来说，本书章节安排如下：

第 1 章为绪论，阐明了本书的选题背景、意义以及项目支撑，按照递进方式分别介绍机器嗅觉研究现状、环境电子鼻技术现状以及低浓度气体检测电子鼻技术，概述了本书的研究目的、研究内容和章节安排等。

第 2 章介绍了搭建的面向低浓度气体检测的电子鼻系统设计，首先设计了面向电子鼻系统的气体预浓缩装置，给出了相应的分析和设计方法，然后开发了配气系统、腔体结构、传感器阵列、数据采集模块、气流采样模块、交互软件设计，介绍了具体的各个模块设计、选型与配置依据；结合该通用环境电子鼻仪器设计，分别进行了电子鼻的气体浓缩实验和气体识别实验，提出了可灵活嵌入的后续数据和模式算法处理方式，并安排在了后续章节的介绍中。

第 3 章针对设计的低浓度气体检测电子鼻，对典型金属氧化物半导体气敏阵列的响应特性进行了分析，给出了一套完整的数据预处理方法，同时提出了可使用的稳态和瞬态特征，这些特征参数将作为后续模式识别算法的输入，进行深度的特征融合和处理。

第 4 章提出针对嗅觉传感器阵列的噪声干扰和复杂动态特征问题，提出了一种基于增强卷积神经网络（CNN）的机器嗅觉模式识别方法，该方法能够将提取的稳态值、灵敏度、瞬态下降率以及瞬态指数特征等多特征进行融合，采用增强的卷积神经网络来训练模型，进而提高识别的效果。

第 5 章进一步针对嗅觉传感器性能退化引起的漂移问题，提出了多种不同的深度学习算法框架来降低电子鼻长期漂移：一种为基于深度自编码网络提取长期、深层的漂移特征，配合浅层的 SVM 分类器实现漂移补偿；另一种采用集成学习

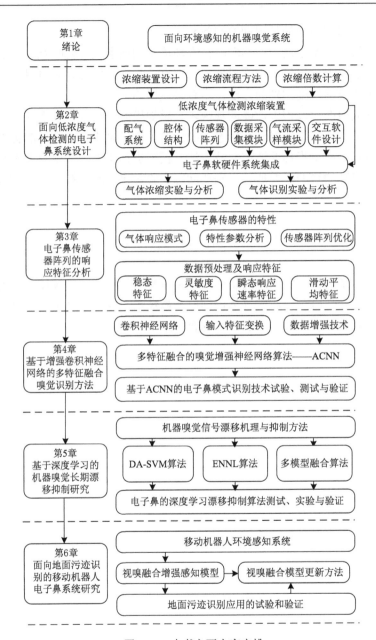

图 1-10 本书主要内容安排

方法，它能将多个性能一般的神经网络分类器通过加权集合的方式来获取一个综合性能较强的分类器，提高综合识别的效果，进而降低漂移误差；还有一种为多种基础分类器的多模型融合算法，通过堆叠（Stacking）策略来改进和优化集成学习的策略，达到模型层次的融合，最后，分别对多种算法进行了实验测试，以验证电子鼻气体识别模型的长周期检测效果。

第6章针对现实生活中的移动机器人环境感知问题，以地面污迹的识别为例，提出了利用机器嗅觉信息来增强机器人的现有视觉感知能力，可对具有特殊气味的地面污迹实现细粒度识别的方法。本章搭建了移动机器人平台，并提出一种改进移动机器人地面污迹识别性能的视嗅融合感知模型，设计了基于注意力机制优化的骨干网络，该网络能对不同模态间隐含的关联信息进行更高效的提取，采用以通道信息量为衡量指标的通道剪枝方法对模型进行压缩，实现模型参数量降低和推理效率提高的目的。并通过静态和动态实验对比，对所提方法的有效性进行了验证。

1.4 本章小结

本章给出了机器嗅觉系统的研究背景和意义，从机器嗅觉领域大框架到环境检测电子鼻技术，再到低浓度气体识别电子鼻技术，探讨了基于电子鼻技术的机器嗅觉研究现状，明确了本书的研究内容和组织结构。

第 2 章　面向低浓度气体检测的电子鼻系统设计

本章主要介绍低浓度气体检测电子鼻系统的硬件设计。首先，本章介绍气体预浓缩装置的原理设计、使用流程和浓缩计算方法；其次，完成了包含预浓缩装置、配气系统、传感器阵列、数据采集等模块的系统集成；最后，对设计的低浓度气体检测电子鼻进行了初步测试和功能验证。

2.1　气体预浓缩装置

当气体的浓度过低时，气体传感器经常无法产生响应。预浓缩装置的提出正是为了解决这个问题。采用预浓缩装置，可以将气体的浓度在无须额外通入气体的情况下，短时间内把气体的浓度提升数十倍。这种技术在检测低浓度气体时显得很有必要。

2.1.1　浓缩流程方法

如前文所述，一般气体传感器的最佳测量浓度下限是 ppm（10^{-6}）级别，但是 ppb（10^{-9}）甚至 ppt（10^{-12}）数量级的浓度在生活也很常见，如微量的煤气泄漏、人所呼出的气体中微量元素的浓度。对于低浓度的气体，普通的传感器就显得束手无策，尽管基于半导体 MEMS 气体传感器件的检测下限能够达到低浓度级别，但对气敏材料合成和器件制造工艺的要求高、成本高，且容易受到环境干扰，信噪比较低。

预浓缩装置正是为了弥补普通传感器的不足，浓缩或富集装置一般安装于气敏传感器的气流通道之前，在气体经管路流向传感器前先经预浓缩装置浓缩，将气体浓度扩大十倍或数十倍，浓缩后传感器就能精准测量浓缩后的气体。浓缩原理为先将气体吸附，然后再加热脱附。

1. 固相微萃取

常见的浓缩方法有动态顶空（dynamic headspace，DH）法和固相微萃取（solid phase micro-extraction，SPME），固相微萃取是一种快速和无溶剂的样品预浓缩方法，克服了传统技术所面临的许多限制。由于其突出的特点，包括采样体积小、操作简单，将采样、分离和预浓缩合并为一个步骤，SPME 在分离分析中得到了很大的应用。SPME 以熔融石英纤维或其他材料为基体支持物，采取"相似相溶"

的特点，在其表面涂渍不同性质的高分子固定相薄层（涂层），通过直接或顶空方式，对待测物进行提取、富集、进样和解析。因此，纤维涂层的选择是至关重要的，它可以影响 SPME 的灵敏度和选择性。

SPME 依据样品溶液相和涂层相之间分配平衡的传质过程实现对分析物的萃取，与传统萃取方法不同，其无须将待测物全部萃取出来。在 SPME 中，分析物通过扩散实现从样品液到涂层表面的传质，过程涉及样品液介质、顶空和萃取涂层等多相多个平衡。

2. 动态顶空法

SPME 对于不同类型的样品适用性有限，特别是对于复杂样品基质、高浓度样品或极性离子化合物，其富集效果可能受到限制。因此，本章设计的预浓缩装置采用动态顶空法。

动态顶空法是一种连续的顶空技术，该方法是利用气体把样品中挥发性物质吹扫出来，通过固体吸附柱或冷冻捕集等方法将吹扫出来的组分进行分离富集，然后用反吹法把吸附的化合物吹脱出来直接进入色谱仪进行分析。这种分析方法不仅适用于复杂基质中挥发性较高的组分，对较难挥发及浓度较低的组分也同样有效。

按照动态顶空法的原理设计，如图 2-1 所示，主要部件有：不锈钢管若干，两位三通电磁阀三个，吸附管一根，其中吸附管需要塞入加热陶瓷管，根据需求还可进行相应的模块扩展。按照该结构，采用的浓缩流程分为三步：

第一步，测量不同浓度下的传感器的响应数据，为后期的数据拟合求浓缩倍数作准备，气体从配气系统经 1、2、5、4 开关流入电子鼻腔体。

第二步，气体吸附过程。将低浓度气体通入吸附管，流经方向为 1、2、5、6、7、8，气体最后经管路流出。

第三步，气体脱附过程。加热陶瓷管上的电热丝，吸附管内吸附的气体开始从吸附管上脱附。此时，配气系统提供背景气如高纯氮气进行测试，气体经 1、3、9、7 开关流入吸附管，将浓缩后的气体吹出，经 6、4 开关流入电子鼻腔体。

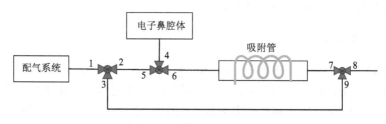

图 2-1　浓缩流程总体方案

2.1.2　预浓缩装置设计

根据浓缩流程可进行预浓缩装置的设计，本节中方案如图 2-2 所示，可设定预浓缩装置的总体指标要求：温度可控，加热时间可控（室温–300℃，误差±1℃），升温速率快，具体功能指标如下：

（1）加热功能：①给热电圈供电（24V/DC）；②实现断续供电和连续供电功能（断续供电时，接通时间和断开时间比可调）。

（2）温度显示记录功能：实时界面显示温度传感器的温度数值，并记录。

（3）温度控制功能：①可设定加热温度；②吸附管达到预设定温度时（0℃），停止加热；③吸附管温度低于预设温度（–0.5℃）时，启动加热；④吸附管达到临界温度（280℃）之前，采用连续供电加热方式；⑤吸附管达到临界温度（280℃）之后，采用断续供电加热方式。

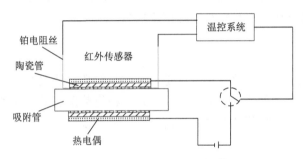

图 2-2　预浓缩装置设计方案

按照本章动态顶空法的预浓缩装置设计方式，各模块的功能、装置选择和设计原则如下：

（1）器件之间连接选用小口径不锈钢管。优点是材质偏硬，便于安装单向阀，且也不易与气体发生反应。

（2）吸附管采用的是 Markes 公司生产的 Tenax 管[92]。将吸附管塞入加热陶瓷管，通过在加热陶瓷管上绕电热丝的方式，间接达到对吸附管加热的目的。

（3）需要考虑气路回流的问题，部分管路具有单向流通性。

（4）加热模块负责控制电热丝的升温。

（5）开关的通断主要采用两位三通电磁阀。

根据这些部件的要求，图 2-3 所示为本节的预浓缩装置模块的实物图。一些部件的技术细节如下：①吸附管的外径为 6.35mm，中间长度为 68mm，采用 1/4 螺纹；加热陶瓷管的外径为 9.5mm，内径为 7.5mm，高为 53mm，加热电压为 12V。②脱附时采用的惰性气体流速为 40～60mL/min，吹扫时间为 2min。

(a) 加热控制模块　　　　　　　　　　(b) 吸附管　　　　　　　(c) 两位三通电磁阀

图 2-3　预浓缩装置模块实物图

2.1.3　基于多元线性回归的浓缩倍数计算

浓缩倍数是指在样品前处理或分析过程中，从初始样品中富集目标成分的程度。它通常用来衡量样品前处理方法的效率和灵敏度，即通过前处理将目标成分从大量的样品基质中浓缩到较小的体积或质量。

1. 多项式拟合

利用多项式拟合来推算气体浓度是一种常见的数据处理方法，特别是当有一组测量值和相应的浓度值时。多项式拟合是一种将数据点拟合到多项式函数的方法，可以用来建立测量值和浓度之间的关系，从而根据测量值来估计或预测气体的浓度。

实现多项式拟合计算气体浓度，首先要收集一组已知的均匀分布的气体浓度和相应测量值的数据点；再选择合适的多项式阶数，如线性（一次）、二次、三次多项式等，多项式的阶数越高，适应性越强；然后使用选择的多项式阶数，将数据点拟合到多项式函数上，并找到对应的多项式系数，以减小测量值与预测值之间的误差，最后评估拟合模型的性能，计算预测值和实际浓度值之间的误差，如均方根误差（root mean square error，RMSE）或平均绝对误差（mean absolute error，MAE）。

但是多项式拟合在某些情况下可能会引入过度拟合的问题，尤其是当多项式阶数较高时。为了避免过度拟合，需要使用交叉验证等技术来选择合适的多项式阶数。此外，在数据处理前，需要对数据进行适当的预处理，去除异常值或进行数据平滑等。

2. 多元线性回归

浓缩倍数定义为浓缩后的浓度与浓缩前的浓度的比值。浓缩前的浓度是已知的，可以通过配气系统得到，但是浓缩后气体的浓度是未知的。工业中普遍采用多项式拟合的方法，推算出气体的浓度。多项式回归能够拟合非线性可分的数据，但是需要设置变量的指数。如果不具备先验知识，无法设定最佳指数，容易导致过度拟合，最终的误差偏大。本节采用多元线性回归（multiple linear regression, MLR）[93]的方法计算气体浓度。相对于单个自变量的预测或估计方法，MLR 采用多个自变量来共同估计或预测因变量，方法更有效且更符合实际。

多元线性回归是一元线性回归的扩展延伸，其表达式为

$$y = k_1 x_1 + k_2 x_2 + \cdots + k_m x_m + k_0 \tag{2-1}$$

式中，自变量 x 为传感器的灵敏度响应，共有 m 个传感器构成阵列；因变量 y 为某被测气体的浓度。当进行 n 组测试时，数据组可表示为 $(x_{t1}, x_{t2}, \cdots, x_{tm}; y_t)$，其中，$t = 1, 2, \cdots, n$，表示测试次数。展开后可得

$$\begin{cases} y_1 = k_1 x_{11} + k_2 x_{12} + \cdots + k_m x_{1m} + k_0 \\ y_2 = k_1 x_{21} + k_2 x_{22} + \cdots + k_m x_{2m} + k_0 \\ \qquad\qquad\qquad \vdots \\ y_n = k_1 x_{n1} + k_2 x_{n2} + \cdots + k_m x_{nm} + k_0 \end{cases} \tag{2-2}$$

式中，$k_1, k_2, \cdots, k_n$ 以及 k_0 均为待求参数，可采用最小二乘法进行求解。具体步骤如下：首先构建损失函数 $Q = \sum_{t=1}^{n} (y_t - \hat{y}_t)^2 = \sum_{t=1}^{n} (y_t - k_0 - k_1 x_{t1} - k_2 x_{t2} - \cdots - k_n x_{tm})^2$，然后通过联立方程组 $\partial Q / \partial k_i = 0$，$i = 0, 1, 2, \cdots, n$，最终可获得回归参数 $(k_0, k_1, k_2, \cdots, k_n)$。

图 2-4 展示了浓缩后气体浓度的计算原理，以灵敏度响应值做数据基准。首先针对不同浓度的气体样本计算传感器的灵敏度数据，然后进行浓度和灵敏度的 MLR 分析，得到浓度与灵敏度的表达式，最后将新测样本的传感器灵敏度值代入表达式，得到气体的预测浓度。

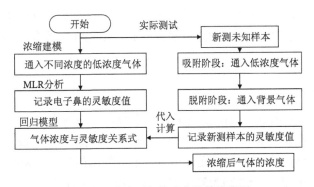

图 2-4　浓缩后气体浓度计算流程图

2.2 仪器系统集成

本节从电子鼻的工作原理角度对整个系统包含的模块进行了介绍。如前文所述，一个机器嗅觉系统主要涉及三个部分，即传感器部分、信号处理部分和模式识别部分。当进行实际的电子鼻仪器设计时，一个可校准、可调试的完整电子鼻系统结构如图 2-5 所示，主要包括配气系统、预浓缩装置、反应模块、数据采集模块和交互软件设计。

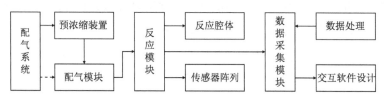

图 2-5　电子鼻系统结构框图

其中，配气系统主要负责产生各种不同目标气体以及进行相关的流量控制，配气系统主要目的为进行电子鼻仪器样机校准和测试，能够产生原始的低浓度气体，进行浓缩模块的功能测试，或提供标准背景气体以进行传感器性能的测试，以及提供混合气体进行模式识别模型的预训练和测试等。预浓缩装置一般安装于气敏传感器的气流通道之前，在气体经管路流向传感器前先经预浓缩装置浓缩，将气体浓度扩大十倍或数十倍，以提高传感器的检测限；反应模块主要由一个反应腔体和内置的传感器阵列组成，当气体流经传感器表面时，传感器因物理化学反应等而产生电阻或电压变化的信号。数据采集模块则将这些电信号进行调理、采集和记录等，这项工作一般是由一块包含微处理器及其外围信号处理电路的数据采集板完成。最后，交互软件及其所在的上位机负责接收这些采集数据，经过进一步的特征提取和内嵌的模型进行模式计算，得到气体的类别和浓度等信息，并进行显示。

2.2.1　配气系统

图 2-6 所示为本书自研的多通道配气系统，该系统主要由质量流量控制器（mass flow controller，MFC）及其配套气流管路和控制软件组成。通过将高纯气体通入高浓度的测试气体，最终配比出符合浓度要求的气体。MFC 的作用是控制气体的流速。左侧第 1 个管路为输出口，输出配置后的目标气体。右侧 8 个管路为输入端口，用于输入高纯气体和高浓度气体。从左往右，1 号口为高纯气体专用口，2 号口为氧气专用口，3～8 号口为普通进气口。配气系统操作简单，通用性

强，只需更换气瓶即可完成任意气体的配制，同时采用模块化的安装方法，安装拆卸简单，便于维护。

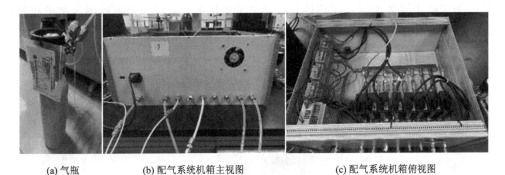

(a) 气瓶　　　　　　　(b) 配气系统机箱主视图　　　　　　(c) 配气系统机箱俯视图

图 2-6　配气系统实物图

配气系统软件采用 LabVIEW 语言编写，如图 2-7 所示，其主要的功能是控制配气系统的开始与结束，控制气体的流速。在配气系统软件中，界面左侧设置原始气瓶的信息，包括输入气瓶的浓度和对应的气路。根据目标浓度，可以按照公式计算出具体的流量。软件右上方可以设置流量和通气的时间，右下角区域控制配气过程的开始和结束。

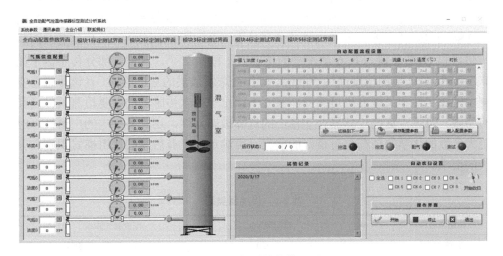

图 2-7　配气系统软件界面

2.2.2　腔体结构

图 2-8 所示为传感器所在的反应腔体的实物图。该腔体按照流体动力学原则设计，可通过控制不同气流速度，以保证气体能够以较为均匀的浓度经过传感器

表面。腔体尺寸为 100mm×200mm×5mm，质量约为 600g，腔体背部可无缝嵌入一块采集电路板，电路板上一共有 12 个传感器的焊接位，以应对复杂的分类任务。为了防止气体泄漏，在腔体上方加装了密封条，并用 8 个螺丝固定盖子和腔体，腔体整体材质轻盈，做工厚实，体积小，反应时能够快速达到稳态。

图 2-8　反应腔体实物图

2.2.3　传感器阵列

本章研究面向环境检测应用的电子鼻，以正丁醇、丙酮、二甲苯和挥发性气体 4 种环境检测需求最大的气体为目标，考虑到传感器的气体选择敏感性问题，选用不同的传感器组成阵列进行性能测试，包括费加罗公司[94]生产的 TSG-2602 和 TSG-2620 传感器，安徽六维传感科技有限公司[95]的两款 VOC 传感器、丙酮传感器和 H_2 传感器，共 6 款不同的传感器，每款 2 个。其中，部分传感器中如 TGS-2602 最低检测浓度高达 50ppm，可作为浓缩效果的对比验证，且该传感器实测中的稳定性和灵敏度也可接受。表 2-1 给出了每款传感器的主要检测气体及其检测限。可见，这些传感器并非单一的气体敏感元件，还具备一定的广谱性，对绝大多数的化学气体都具有良好的响应，可满足电子鼻后续的通用模式识别和分类的要求。

表 2-1　传感器类别

传感器名称	编号	检测限/ppm	可检测气体
TGS-2620	s1、s2	1～30	一氧化碳、酒精、甲烷等
TGS-2602	s3、s4	50～5000	氨气、甲苯、酒精、氢化物
VOC_a	s5、s6	0～100	VOC、异丁烯、甲醛、丙酮
VOC_b	s7、s8	0～100	VOC、异丁烯、甲醛、丙酮
丙酮	s9、s10	0.1～5	甲苯、二甲苯、甲醇、乙醇
H_2	s11、s12	0～500	氢气等

2.2.4　数据采集模块

数据采集模块主要能够将传感器电阻值转换为电信号，并通过串口实时传输和记录数据。该数据采集模块主要由一块单片机作为微控制器（microcontroller unit，MCU）、一块 12 位高速、低功耗的多通道模数转换器（analog to digital converter，ADC）及其外围加热电路组成，如图 2-9 所示。其中，MCU 选用意法半导体的 ARM 嵌入式处理器，具备 32bit 和 48MHz 主频的 MCU、16～64KB 闪存、计时器、ADC 等，支持 I2C、UART、SPI 等多通信接口，工作电压 2.4～3.6V；ADC 采用亚德诺半导体芯片 AD7490，其支持 16 通道模拟，电源电压为 2.7～5.25V，可对 0～5V 模拟电压高速采集，采集精度 12 位，最高采样速率可达 1Msps[①]。MCU 通过 SPI 接口与 AD7490 芯片连接，读取模拟电压值，再经过串口传输给上位机，上位机软件对数据进行进一步的处理和分析。

图 2-9　数据采集模块实物

2.2.5　气流采样模式

电子鼻传感器进行气体检测存在吸附（进样）和脱附（清洗）过程，一个完整的采集过程即为一个样本采集周期，因此需要对气流的进出模式进行控制，这也是为了保证电子鼻传感器检测信号的稳定性和一致性。本章根据设计的腔体体积，采用 MFC 和泵吸进行样本采集模式的控制，如图 2-10 所示，进样状态时，背景高纯气体流速可选范围 0～399mL/min，通过背景气体的混入来控制被测样本气体的流速，它们一起流经传感器阵列腔体，通过前后的泵吸方式流出；当进样结束后，高纯气体的进气流速增加到 600mL/min，对气体管路通道和传感腔体进行清洗，去除残留，此时的进气管路反向流出速度为 200mL/min。通过前后泵吸和传感器对进气流速的控制，保证整个进样和清洗过程中腔体内部始终保持

———————————
① 1Msps=1MHz。

400mL/min 的流速，做到标准化的检测流程，提高电子鼻传感器检测信号的稳定性。

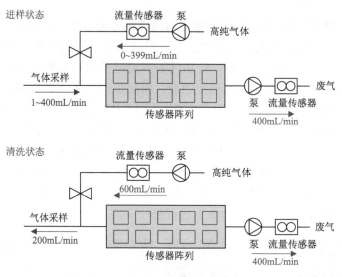

图 2-10　气流采样模式

图 2-11 给出了电子鼻 TGS-2602-a 和 TGS-2602-b 两个传感器的采样测试信号。测试过程中连续采样 7 次，可见每次样本采集周期均保持稳定，每个采样过程吸附（采样）和脱附（清洗）过程区分明显，特别是脱附后传感器响应能够恢复到校准后的零值基线附近。

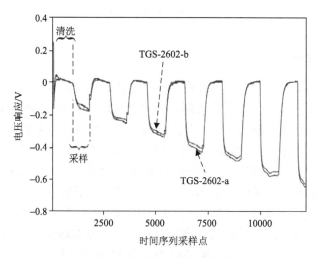

图 2-11　传感器测试的响应曲线示例

2.2.6　交互软件设计

数据采集模块记录的数据经过串口传输给上位机，上位机将数据接收后在后台进行进一步的特征分析和提取工作（一般也与模式识别算法共同作用），并根据模式识别算法最终完成对目标气体的定性分类和定量分析。机器嗅觉中模式识别的过程分为两个阶段：①学习训练阶段，通过已知成分或浓度的被测气体样本来训练电子鼻的模式识别系统，使其学习到气体或气味的知识特征，建立知识库；②应用测试阶段，使用经过训练的模式识别系统（或知识库）对未知的被测气体或气味进行检测识别。为了满足不同应用背景下的嗅觉检测需求，可将学习训练阶段开放给用户进行模型的训练，研究通用型环境电子鼻的技术，因此，上位机软件的设计可满足人机交互、可供选择的算法模型和可自定义样本特征的要求。

本书编写的电子鼻模式识别软件主要支持三种不同的模型，分别为支持向量机（support vector machine，SVM）模型、反向传播神经网络（back propagation neural networks，BPNN）模型以及深度卷积神经网络（deep convolutional neural networks，DCNN）模型。用户可根据训练样本的大小和实际情况选择，也可在学习训练阶段结束后进行模型参数的提取或编译；当对未知被测气体进行测量时，该样本的特征模式与数据库进行模式匹配，进而实现气体的检测识别。如图 2-12 所示，交互软件的主界面功能区包含参数设置、定时器、开始停止等按键，使用流程如下：

（1）在开始数据采集前，需要进行一些初步的设置，包括串口、波特率以及采样频率的设置；设置完成以后，即可点击 Start 开始采集数据和样本的计时，点击 Stop 可结束或中断采集。

（2）在数据采集时，"记录过程"标签将每秒更新传感器的电压数据和温湿度数据，"响应曲线"标签每 10s 绘制一次各个传感器的电压响应。如图 2-12（b）中显示了 6 组传感器（每组 2 个）的实时响应曲线。通过观察响应曲线，还可进行传感器是否工作异常的快速判断；当出现异常时，可选择是否使用该传感器的响应曲线进行特征分析。

（3）当数据采集完成以后，软件后台算法进行传感器阵列的稳态特征（steady feature）和瞬态特征（transient feature）的提取，并以雷达图的形式显示在主界面上。

（4）特征分析计算完成后，Predict 按键由灰色变黑，提示可以执行气体识别的预测。此时，勾选采用的算法模型，即可得出气体的类别和浓度，同时软件下方显示气体属于各类的概率。

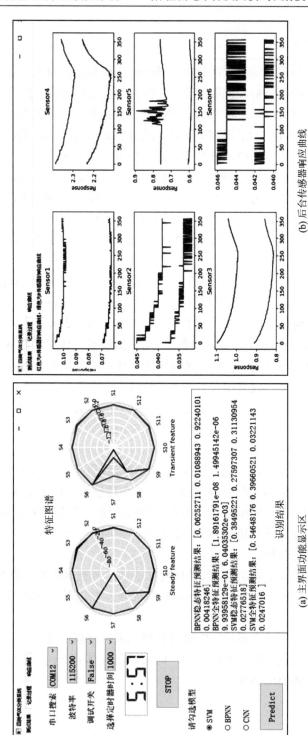

(a) 主界面功能显示区

(b) 后台传感器响应曲线

图 2-12　交互软件界面

2.3　电子鼻测试

2.3.1　气体浓缩实验

电子鼻集成了预浓缩装置后，需要进行气体浓缩效果的验证。对于装置的浓缩倍数，目前尚无统一标准的计算方式，且浓缩效果也随气体种类的不同而异，因此需要设计浓缩实验来测定装置的浓缩倍数。浓缩实验主要涉及两个部分，第一部分为浓缩后气体的浓度计算，主要方法为：首先计算气体浓度与传感器灵敏度值的 MLR 关系式，然后计算新测气体的灵敏度值，最后将该灵敏度值代入 MLR 关系式即可求得浓缩后气体的浓度。第二部分为气体浓缩的倍数计算，主要方法为：计算浓缩前和后气体浓度的比值，每次计算采用五次平均值作为最终的浓缩倍数。

按照上述方式，表 2-2 给出了以正丁醇、丙酮、VOC、二甲苯为目标气体进行的测试，利用配气系统实现电子鼻及其预浓缩装置的测试。为降低传感器的混合气体干扰，每天采集一种气体，每种气体采集约 30 个样本，一共用时 4d。为降低传感器受空气中温度和湿度的影响，控制温度为 27℃左右，相对湿度为 3%左右。采样频率为 1Hz，每个采样周期包含 240s 的清洗时间和 120s 气体通入时间。其中，正丁醇和 VOC，丙酮和二甲苯，两两之间的浓度是一致的。考虑到成本的问题，并没有将气体浓度设置过高。

表 2-2　样本浓度分布表

气体名称	样本数/个	浓度分布/ppm
正丁醇	29	3,3.25,3.5,3.75,4,4.25,4.5,4.75,5,5.25,5.5,5.75, 6,6.25,6.5,6.75,7,7.25,7.5,7.75,8,8.25,8.5,8.75, 9,9.25,9.5,9.75,10
丙酮	31	0.5,0.55,0.6,0.65,0.7,0.75,0.8,0.85,0.9,0.95,1, 1.05,1.1,1.15,1.2,1.25,1.3,1.35,1.4,1.45,1.5, 1.55,1.6,1.65,1.7,1.75,1.8,1.85,1.9,1.95,2
VOC	29	3,3.25,3.5,3.75,4,4.25,4.5,4.75,5,5.25,5.5,5.75, 6,6.25,6.5,6.75,7,7.25,7.5,7.75,8,8.25,8.5,8.75, 9,9.25,9.5,9.75,10
二甲苯	31	0.5,0.55,0.6,0.65,0.7,0.75,0.8,0.85,0.9,0.95,1, 1.05,1.1,1.15,1.2,1.25,1.3,1.35,1.4,1.45,1.5, 1.55,1.6,1.65,1.7,1.75,1.8,1.85,1.9,1.95,2

2.3.2 浓缩效果与数据分析

1. 浓缩后气体浓度误差分析

以正丁醇、丙酮、VOC、二甲苯为例，每种气体选择 20 个样本进行多元线性回归分析，计算得 4 种气体的浓度与灵敏度关系式分别为

$$\begin{cases} y_1 = 4.796x_1 + 7.153x_2 + 6.402x_3 - 1.384x_4 + 3.190x_5 + 6.297x_6 - 27.686 \\ y_2 = -4.098x_1 + 3.386x_2 + 1.944x_3 + 1.908x_4 - 0.035x_5 - 2.121x_6 - 1.197 \\ y_3 = -23.303x_1 - 6.317x_2 + 2.246x_3 + 25.212x_4 + 14.835x_5 + 3.389x_6 - 14.05 \\ y_4 = 2.053x_1 + 0.408x_2 + 8.257x_3 + 0.203x_4 - 1.720x_5 + 1.745x_6 - 10.821 \end{cases} \quad (2\text{-}3)$$

式中，y_i 为气体 i 的浓度；x_i 为每个传感器的灵敏度值。当测量未知浓度的某种气体时，将传感器的灵敏度值代入回归方程，即可计算出气体的浓度。

图 2-13 所示为通过回归方程拟合的气体浓度与真实浓度对比，图 2-14 为各自的误差柱状图。正丁醇、丙酮、VOC、二甲苯的残差平方和分别为 6.4043、0.2102、

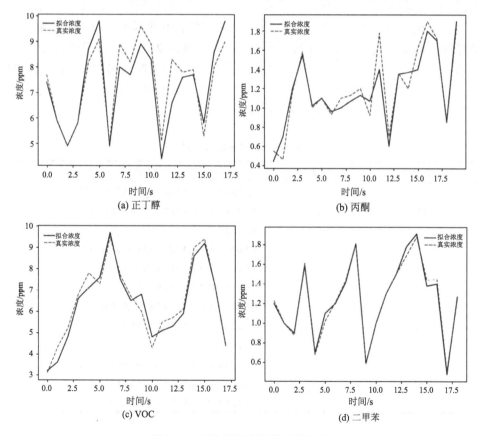

图 2-13　气体的拟合浓度-真实浓度

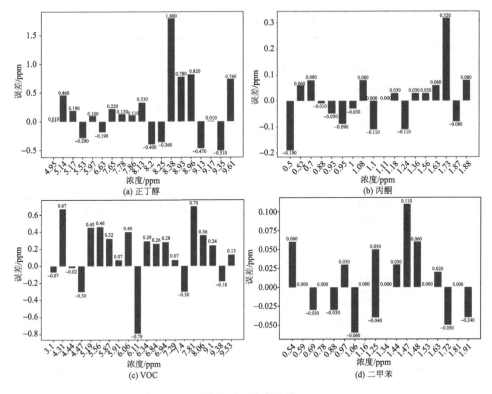

图 2-14　浓度误差

2.901、0.035。由图 2-13 和图 2-14 可以看出，4 种气体的浓度拟合都比较好，但是从浓度误差的角度考虑，丙酮和二甲苯的误差相对较小，因此这两种气体的回归方程的准确度更高，这应归功于阵列选择的传感器对这两种气体具有较高的灵敏度和选择性；VOC 的浓度误差比较大，可能受传感器灵敏度影响；正丁醇气体误差和浓度成正比，浓度越低，误差较小。

2. 浓缩倍数的效果分析

采用 MLR 方法可以获得浓缩后的浓度（C_a），根据浓缩前的已知浓度（C_b），可计算出浓缩倍数 $N = C_a / C_b$。表 2-3 给出了同样以正丁醇、丙酮、VOC、二甲苯为例的五组测试数据的计算结果。为综合衡量浓缩效果，可取五次浓缩倍数的均值。由表 2-3 中结果可知，二甲苯气体的浓缩倍数最高，其次是 VOC，正丁醇次之，丙酮的浓缩倍数最低。本书设计的预浓缩装置整体能够将气体的浓度提升近十倍，能够较好地满足低浓度气体电子鼻检测的性能要求。

表 2-3　浓缩前后浓度对比

气体类别	浓度信息	第一次	第二次	第三次	第四次	第五次
正丁醇	浓缩前/ppm	0.2	0.4	0.6	0.8	1
	浓缩后/ppm	2.3	4.2	6.1	8.3	12.0
	浓缩倍数	11.5	10.5	10.17	10.38	12
	浓缩倍数均值			10.91		
丙酮	浓缩前/ppm	0.2	0.4	0.6	0.8	1
	浓缩后/ppm	1.68	3.90	6.30	6.57	10.42
	浓缩倍数	8.40	9.75	10.50	8.21	10.42
	浓缩倍数均值			9.46		
VOC	浓缩前/ppm	0.2	0.4	0.6	0.8	1
	浓缩后/ppm	3.39	6.61	10.45	12.16	18.01
	浓缩倍数	16.95	16.53	17.42	15.20	18.01
	浓缩倍数均值			16.82		
二甲苯	浓缩前/ppm	0.2	0.4	0.6	0.8	1
	浓缩后/ppm	3.97	8.08	11.37	14.93	20.03
	浓缩倍数	19.85	20.20	18.95	18.66	20.03
	浓缩倍数均值			19.54		

考虑到预浓缩装置的设计较为简单，若需要更高要求，可从以下几个方面提升浓缩性能：①由于加热模块在工作时温度较高，因此需要增加防护装置，可通过提高加热温度的控制性能，进一步提高浓缩效果；②浓缩倍数的提升还可从吸附管材质和气体吹扫流速入手，根据吸附管中吸附材质的不同，选用更加合适的吸附管提高吸附量；③当惰性气体的吹扫流速过低时，气体分子不容易被吹扫出，导致浓缩后气体的浓度过低，最终计算出的浓缩倍数也过低。因此，还可通过加快气体流速来提升浓缩倍数。

2.3.3　气体识别实验

为了验证电子鼻低浓度气体检测识别的整体效果，同样采用 2.3.1 节采集的数据样本作为训练集，在测定了浓缩倍数之后，对正丁醇、丙酮、VOC、二甲苯 4 种气体进行了气体分类模型的初步测试。实验流程如下：

（1）样本采集。采集经过浓缩后符合浓度要求的气体，每个样本通气 2min 被测气体和 4min 高纯气体清洗，每次循环采集 5 次，每种气体共 30 个样本。

（2）提取特征，构建分类器。软件内嵌入特征提取算法，每个样本默认可自动提取到 24 维特征（6 组传感器×4 个特征）；当采集的样本和数量符合要求时，可提示用户进行算法模型选择，并能够调用该特征数据自动训练模型。

（3）实测输出。分类器构建完成后，继续通入的气体将被视为新测未知样本，上位机软件对其进行特征提取并与已训练模型进行模式匹配，给出相应的气体类别和浓度等信息；当气体特征符合数据库内样本信息时，这些新测样本将被上位机软件后台自动记录，并在再次开启时提醒用户是否进行模型更新。

为了更好地验证效果，最终实测的浓度采用随机分布的方案，如表 2-4 所示，测试进行五组，每组至少包含 4 个样本，每两个测试样本之间通入 10min 的高纯气体清洗以防止气体残留，这些目标测试浓度未在原训练数据集中出现过。鉴于采集样本时正丁醇和 VOC 的浓度一致，测试方案中的浓度仍保持一致，丙酮和二甲苯的浓度也是同理。另外，为了更加全面地测试分类器性能，在表 2-4 的测试中还加入了更高的浓度，如丙酮和二甲苯测试方案中的浓度达到了 3.5ppm，以此可更好地检验样本浓度超过训练集时分类器模型的性能。

表 2-4　测试浓度分布方案　　　　　　（单位：ppm）

组别	正丁醇	丙酮	VOC	二甲苯
第一组	3.6	2.5	3.6	2.5
第二组	5.6	2.7	5.6	2.7
第三组	6.6	3.0	6.6	3.0
第四组	7.6	3.2	7.6	3.2
第五组	9.6	3.5	9.6	3.5

2.3.4　分类结果与数据分析

1. 模型测试结果

在最终测试前，需要在训练集上进行算法的交叉验证，目的是对算法性能进行初步的评估。如前文所述，本书低浓度电子鼻交互软件开发了三种可供选择的模型，分别为 SVM、BPNN 和 DCNN，这里初步测试阶段仅利用 2.3.3 节的阶段性数据进行 SVM 和 BPNN 模型的初步验证，DCNN 模型采用了更为开放的编译接口和模型可更新的方式，主要面向长期或大样本数据的深度学习算法需要，将在后续章节中进行分析和测试。测试选用了稳态特征、瞬态特征以及多特征组合的方式进行，这些特征为样本响应曲线的稳态值、灵敏度、上升速度等参数，具体的特征分析和提取方法参考第 3 章内容，提取后的特征进行重组整合并送入算法模型进行训练。

表 2-5 给出了 SVM 和 BPNN 的测试结果，包括三种不同的特征组合方式，训练集采用五折交叉验证进行测试，实测为隔天新通入的未知气体，可观测到，

训练集交叉验证的分类精度都达到了 0.85 及以上，这保证了在没有过拟合的情况下两种模型都能够很好地模拟本次小样本集的测试，模型参数也较为简单，如稳态特征的 SVM 参数为 $C = 5$、$g = 0083$ 和 BPNN 的隐含层神经元数目为 5。表 2-5 还可观测到，在小样本数据集条件下，SVM 和 BPNN 两种模型都能很好地区分出 4 种气体；只采用稳态特征比只采用瞬态特征的准确率略高，从一定程度上说明传感器的灵敏度和稳态电阻值更能反映该气体模式的本质特征；而采用了稳态特征和瞬态特征相结合方式，整体的准确率更高一些，这说明瞬态特征的方法所包含的信息要多于仅采用稳态特征的方法。

表 2-5　识别算法测试

特征	SVM		BPNN	
	训练	实测	训练	实测
稳态特征（稳态值+灵敏度）	0.92	0.89	0.93	0.90
瞬态特征（下降斜率+指数滑动）	0.87	0.85	0.89	0.88
稳态特征+瞬态特征	0.96	0.94	0.98	0.96

2. 特征分析验证

为了验证上述特征的有效性，这里采用主成分分析（PCA）法对 2.3.3 节中的训练集样本进行分析。每个样本周期为 6min，采样频率为 1Hz，6 个传感器组成的阵列中原始数据共有 2160 个测量序列点。将其作为特征进行 PCA 降维分析，结果如表 2-6 所示。从表 2-6 中累计贡献率数据可得，前三个主成分的累计贡献率已经接近 0.985，表明前三个的主成分已包含了原始数据中的大部分特征信息。

表 2-6　PCA 分析结果

主成分	特征值	贡献率	累计贡献率
PCA1	30481.238	0.813	0.813
PCA2	12551.740	0.137	0.950
PCA3	6353.585	0.035	0.985
PCA4	2682.757	0.006	0.991
PCA5	2110.942	0.003	0.994

取出累计贡献率达到 0.985 的前三个主成分 PCA1、PCA2 和 PCA3，并将它们作为三维空间分布的 X、Y、Z 轴，可给出如图 2-15 所示的被测气体的散点分布。从图 2-15 中的气体分布情况来看，四种气体经过 PCA 操作以后大致能分开，

但是，VOC 有部分样本和丙酮气体重合，可能是采集环境的温湿度发生了改变。同时，PCA 作为一般性分类识别方法能给出较好的分类结果，说明被测样本之间存在清晰的模式边界，这也反向验证了使用机器学习模型如 SVM 和 BPNN 算法模型的可能性与可行性。考虑到 PCA 处理的序列点过多，且需要等气体采集流程全部结束以后才能进行，无法达到快速和实时的目的，因此，该方法在本书中多用于先行验证分析，而非实际的检测应用。

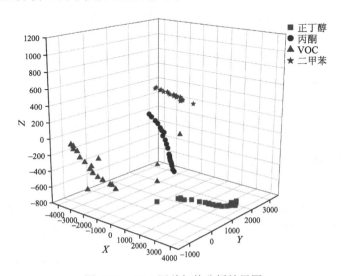

图 2-15　PCA 四种气体分析效果图

2.4　本章小结

本章主要介绍了低浓度气体检测电子鼻系统设计案例，给出了气体预浓缩装置原理设计、使用流程和浓缩计算方法，完成了包含预浓缩装置、配气系统、传感器阵列、数据采集等模块的系统集成，通过初步的实验验证了电子鼻系统设计的可行性。

第3章　电子鼻传感器阵列的响应特征分析

本章将在第 2 章电子鼻系统设计的基础上，深入研究电子鼻传感器阵列的响应特性或信号特征。首先，介绍了电子鼻传感器的典型信号特征；其次，介绍了电子鼻传感数据的预处理方法，并面向低浓度气体检测电子鼻提出了一套流程式的处理方法；最后，从气体信号的稳态和瞬态响应两个方面，对电子鼻信号的多种特征提取方法进行了分析研究。

3.1　电子鼻传感器的特性

3.1.1　典型气体传感器响应

典型的半导体气体传感器响应曲线如图 3-1 所示，第 2 章电子鼻传感器的 3ppm 正丁醇气体检测传感器内半导体敏感元件可看作一个电阻，它随着通入气体的不同呈现出电阻值先升后降的趋势。整条曲线分为四个阶段，在第一阶段前，

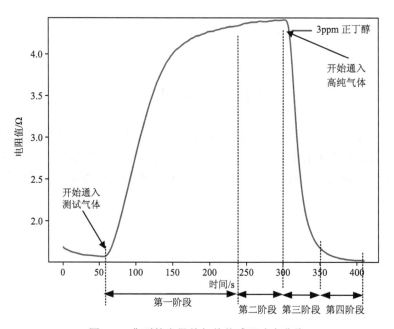

图 3-1　典型的半导体气体传感器响应曲线

已通入高纯气体进行清洗，属于上一个采样的气体脱附阶段；在第一阶段和第二阶段，通入 3ppm 的被测气体正丁醇，属于吸附阶段，传感器响应值上升直至一定的稳态值；第三阶段和第四阶段再次通入高纯气体进行清洗，传感器响应值快速恢复并下降至初始的基线值。采用电阻响应与电压响应作为电子鼻传感器的信号没有本质区别，两者的曲线表现形式相反。

3.1.2　传感器特性参数

电子鼻的气体检测性能主要受其气体传感器的影响，传感器特性不仅对电子鼻仪器设计阶段的传感器选型有重要意义，同时也是后续进行电子鼻响应信号的特征分析和特征值定义的基础。

（1）稳定性。气体传感器稳定性的狭义概念一般是指，在不同的检测时间点和接近相同的工作条件下，同一个气体传感器对于同一种气体响应的一致程度。一般是指传感器使用时的漂移现象，如普遍存在的温度漂移和零点漂移，以及长期的时间漂移。

（2）选择性。选择性又称特异性，是指一个传感器只对某一种气体有响应，而对其他气体的响应不明显。实际情况下，气体种类上万种，单一传感器很难做到高选择性，多数都是交叉敏感的，正是因为这一特性，才会对不同气体的识别产生干扰。因此，高选择性的传感器的电子鼻气体检测精度一般也较高。

（3）广谱性。广谱性是气体传感器对某一大类或少数几类相似的气体均有广谱响应的特征，如对醛类气体敏感的传感器或对含羟基气体敏感的传感器。广谱性概念相对狭义，一般为在有限的传感器个数条件下，能够涵盖更多的气体种类，需配合大样本深度的学习来提高特征的差异，进而提高分类性能。

（4）灵敏度。灵敏度是指在目标气体条件下，电子鼻内传感器所作出响应的快慢程度。以电压响应为例，其数学表达式可定义为

$$S = \frac{v_g}{v_0} \tag{3-1}$$

式中，v_0 为该传感器在标准背景气体（高纯气体）下的稳态电压（或称为基线值）；v_g 为被测目标气体的实时电压响应值。可见，在灵敏度较大的情况下，传感器对气体的反应速度就较快；采用电阻响应值时亦是如此。

（5）相对灵敏度。相对灵敏度为进行了基线归一化的定义，表示为

$$S = \frac{v_g - v_0}{v_0} = \frac{\Delta v}{v_0} \tag{3-2}$$

式中，Δv 为传感器相对响应值。式（3-2）表示了相对基线值 v_0 的单位电压响应，能够在一定程度上将不同量级的传感器响应缩放在同一级别内。

上述电子鼻传感器的主要特性及其参数描述中，灵敏度值和相对灵敏度值通常也作为传感器的重要稳态响应特征。

3.1.3 传感器阵列优化

电子鼻系统需要使用多个传感器组成阵列，不仅器件的选择至关重要，还要考虑传感器之间的冗余和耦合，考虑不同传感器之间的配合程度。

（1）相关性分析。相关性分析的目的为简化阵列内传感器的规模数量。当两个传感器相关程度过高时，通过该组传感器提取到的特征的相似程度也将极高，容易造成数据的冗余。相关性定义为

$$R_{xy} = \frac{\sum_{i=1}^{N}(x_i - \bar{x})(y_i - \bar{y})}{\sqrt{\sum_{i=1}^{N}(x_i - \bar{x})^2 \sum_{i=1}^{N}(y_i - \bar{y})^2}} \tag{3-3}$$

式中，x_i、y_i 分别为 x 传感器和 y 传感器的第 i 次测试的灵敏度，$1 \leqslant i \leqslant N$；$R_{xy}$ 取值为 $[-1,1]$；$\bar{x}$ 为 x_i 的平均值；$\bar{y}$ 为 y_i 的平均值。理想情况下，当 $R_{xy} = 0$ 时，表示两个传感器不相关；当 $R_{xy} = \pm 1$ 时，表示两个传感器相关程度过高，两者互为冗余，可以相互替代。

计算相关性时，需要同一气体连续测试 N 次，将每次测试的两个传感器灵敏度值 x_i 和 y_i 代入式（3-3）。表 3-1 所示为以 10ppm 的 VOC 连续采样下的相关性计算结果示例，每次采样记录 10 次。可知，选用的这些传感器整体相关性系数在 0.5 以下，最低的相关性系数只有 0.09，因此所选择的传感器组成阵列能够具备较好的响应差异性。

表 3-1 传感器相关性计算示例

传感器	TGS-2602	TGS-2620	VOC_a	VOC_b	丙酮	H₂
TGS-2602	—	−0.36	0.44	0.27	0.42	0.09
TGS-2620	−0.36	—	0.46	0.58	0.30	0.26
VOC_a	0.44	0.46	—	0.32	0.16	0.61
VOC_b	0.27	0.58	0.32	—	0.36	0.30
丙酮	0.42	0.30	0.16	0.36	—	0.33
H₂	0.09	0.26	0.61	0.30	0.33	—

（2）重复性分析。重复性用来衡量重复测试时传感器输出的稳定性。测试重复性需要在短时间内多次通入同一测试气体并计算传感器的灵敏度。显然，传感器阵列组成需要重复性高的敏感元件。

$$e_i = \frac{\left| S_i - \overline{S} \right|}{\overline{S}} \times 100\% \qquad (3\text{-}4)$$

式中，S_i 和 e_i 分别为第 i 次的灵敏度值和误差值，$i \leqslant N$；$\overline{S}$ 为 N 次灵敏度值的均值。

表 3-2 记录了 6 个传感器在 5 次 10ppm 的 VOC 下的灵敏度误差数据。通过该示例结果可知，TGS 系列传感器的误差较小，自制的 4 款传感器误差相比 TGS 传感器稍微大一些，但是也处于可接受的范围。

表 3-2 传感器灵敏度误差数据　　　　　　　　（单位：%）

测试	TGS-2602	TGS-2620	VOC_a	VOC_b	丙酮	H$_2$
第一次	1.84	2.21	1.29	1.49	1.58	1.81
第二次	1.51	1.24	0.69	1.24	2.38	0.51
第三次	0.24	1.08	1.77	2.98	0.39	2.46
第四次	1.08	2.25	3.68	2.48	4.37	1.75
第五次	1.02	0.11	3.13	0.24	5.57	3.05
均值	1.138	1.378	2.112	1.686	2.858	1.916

（3）选择性分析。半导体传感器对多类测试气体都有响应，如 TSG-2602 传感器对于氨气和酒精都有一定程度响应，若测试气体同时包含氨气和酒精，那么选择 TSG-2602 传感器是不适合的。在传感器数量并不是很多的情况下，选择性也可通过响应曲线得到一些直观的结论判断。

本章测试了 6 种传感器在 3ppm 的丙酮、VOC、二甲苯下的稳态电阻值，结果见表 3-3。从表 3-3 中数据可以观测到，6 种传感器对于 4 种气体的选择性普遍比较好，其中 TGS-2602 传感器和 VOC_a 传感器最好，VOC_b 传感器选择性一般，H$_2$ 传感器选择性稍差一些。尽管 TGS-2602 和 VOC_b 均有同类参考，但在 4 种被测气体中也呈现了一定的交叉敏感，对 4 种气体响应的稳态电阻值没有跨越量级的差异。

表 3-3 传感器稳态电阻值　　　　　　　　（单位：kΩ）

气体种类	TGS-2602	TGS-2620	VOC_a	VOC_b	丙酮	H$_2$
正丁醇	3.23	182.24	1.78	460	7.22	79.84
丙酮	1.96	83.61	1.81	344	8.97	55.89
VOC	2.24	125.92	4.27	502	2.26	61.26
二甲苯	1.68	57.89	1.67	246	2.24	50.56

按照上述分析，本章所选择的 6 款传感器具有相关性低、重复性高和选择性强的特点，同时考虑到制作成本和获取难度，该传感器阵列符合选择的标准，能够满足正丁醇、丙酮、VOC、二甲苯 4 种气体的分类和浓缩任务的要求。

3.2　电子鼻数据预处理

数据预处理的主要目的为将电子鼻的原始检测信号进行滤波和降噪等操作，为后续进行特征提取提供稳定、可靠的数据。

3.2.1　数据预处理方法

电子鼻传感器的数据预处理主要包括以下几个方面：

（1）滤波降噪。气体传感器的噪声存在于信号处理的各个阶段，最终其响应信号显示出毛刺、抖动、突变等现象。这些噪声一部分为来自传感器本身，如与物理效应相关的热噪声和散粒噪声，一般无法去除；另一部分为受环境影响或信号变换过程中出现的失真，可通过滤波而降低。如图 3-2 所示，电子鼻信号采样频率一般较低（1～100Hz），高频的背景白噪声可采用低通滤波器实现降噪；信号模数转换（A/D）产生的量化噪声则可采用中值滤波或中位数滤波等处理。

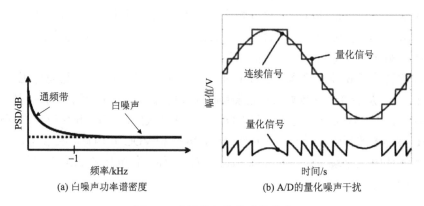

(a) 白噪声功率谱密度　　　　　　(b) A/D 的量化噪声干扰

图 3-2　半导体气体传感器噪声

PSD 为功率谱密度（power spectral density）

滤波降噪按照其具体类别分为均值滤波降噪和中值滤波降噪。均值滤波又称平滑线性滤波，其原理是求取多次测得的同一性质特征值的均值代替当前的测量值，表达式为

$$\tilde{x} = \frac{1}{m}\sum_{i=1}^{m} x_i \tag{3-5}$$

式中，m 为测量次数。均值滤波法对去除加性噪声的效果明显，但不能很好地保留细节信息和边缘信息。

中值滤波是一种以排序统计理论为基础的非线性平滑滤波方式，其原理是将测得的 m 个测量值按从小到大的顺序排列，选取中间值作为当前的测量值。若 m 个测量值从小到大顺序为 $x_1 < x_2 < x_3 < \cdots < x_m$ 时，则

$$\tilde{x} = \begin{cases} x_{\frac{1+m}{2}}, & m\text{为奇数} \\ \frac{1}{2}\left(x_{\frac{m}{2}} + x_{\left(\frac{m}{2}+1\right)}\right), & m\text{为偶数} \end{cases} \tag{3-6}$$

式中，若 m 为奇数，将 x_m 从小到大排列，选取中间一个数 $x_{\frac{1+m}{2}}$ 为测量值 $\tilde{x}$；而若 m 为偶数，选取中间两个数，将两个数取平均值，得到的数为测量值 $\tilde{x}$。

中值滤波法较均值滤波法处理效果优，可保留细节信息，然而对高斯噪声的滤除效果较差，且计算复杂度较均值滤波法高。

（2）基线校准。基线校准类似于零值校准，主要将不同气体传感器的初始响应处理至同一初始条件。这是由于气体传感器信号容易产生漂移，因此将其增量变化值或相对变化率作为检测信号，更能反映信号测量的本质。基线校准有差值法、差分法、微分法等。如图 3-3 所示为典型的差值法处理结果，纵轴响应被拉至零初始值。

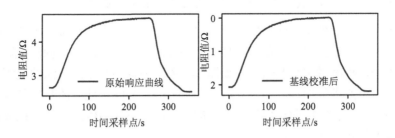

图 3-3　差值法基线校准示例

（3）标准化。标准化一般也作归一化，是为了处理不同传感器的量级和量纲问题，将传感器的响应输出映射至同一测量区间，一般为[0,1]或[-1,1]，以方便进行后续特征的提取等操作。如图 3-4 所示为信号标准化的处理过程，两个传感器的原始信号 x_1 和原始信号 x_2 经过归一化处理后均处于[0,1]。

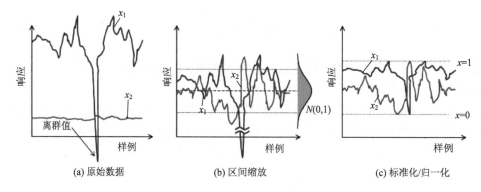

图 3-4 标准化处理过程

标准化具体分为离差标准化法和标准差标准化法。其中，离差标准化法的目的是消除量纲，将传感器采集的数据范围规范到[0,1]。其过程为，传感器的当前测量值 x 减去该传感器响应的最小值 $x_{\min}$ 后，除以该传感器响应的最大值 $x_{\max}$ 与最小值 $x_{\min}$ 之差，表示为

$$\tilde{x} = \frac{x - x_{\min}}{x_{\max} - x_{\min}} \tag{3-7}$$

标准差标准化法又称 Z-score 法，该方法的具体操作为，用当前测量值 x 减去所有测量样本的均值 μ，再除以所有测量样本的标准差 σ，表示为

$$\tilde{x} = \frac{x - \mu}{\sigma} \tag{3-8}$$

3.2.2　基于"滤波-基线校准-归一化"流程式数据处理实测

上节的三类预处理方法在应用时一般是联用而非独立的，每类方法依据电子鼻实际输出信号进行测试，最终选择合适的方法构成一套基于"滤波-基线校准-归一化"的流程编译进交互软件。如图 3-5 所示为选用预处理方法的流程，输入为经过硬件电路进行调理、放大、RC 低通滤波和 A/D 量化后的数字信号，输出为经"滤波-基线校准-归一化"处理后的样本，可方便后续进行特征提取，中间每个步骤的计算公式如下。

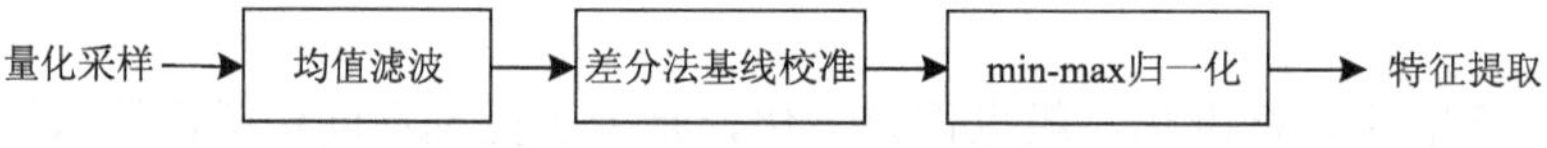

量化采样 → 均值滤波 → 差分法基线校准 → min-max归一化 → 特征提取

图 3-5　电子鼻预处理过程

（1）均值滤波法：$y^{(t)} = \dfrac{1}{m} \displaystyle\sum_{t=0}^{t+m-1} x^{(t)}$，其中 $x^{(t)}$ 和 $y^{(t)}$ 分别为变换前后 t 时刻的

样本点输出，m 为取均值的时间窗；

（2）差分法基线校准：$z^{(t)} = \left| (y^{(t)} - y^{(0)}) / y^{(0)} \right|$，其中 $z^{(t)}$ 为再次经过变换后的样本点输出；

（3）min-max 归一化：$o^{(t)} = (z^{(t)} - \min(z^{[t]})) / (\max(z^{[t]}) - \min(z^{[t]}))$，其中 $\min(\cdot)$ 和 $\max(\cdot)$ 分别为取极小值和极大值，$z^{[t]}$ 表示对 $z^{(t)}$ 取一个完整的时间序列样本，$o^{(t)}$ 为最后变换后的样本点输出。

图 3-6 给出了电子鼻 6 组传感器的所有原始的采样信号，该测试为随机通入不同浓度的两种气体的连续采样测试，一共进行了 35 次，且采样数据部分已经过一层滤波处理。为了验证该"滤波-基线校准-归一化"流程，图 3-7 所示为按照经过本节方法处理后的数据曲线图。可见，传感器阵列均能很好地观测到 35 个波峰或波谷，原始信号中，s1~s12 均有明显的基线偏差，s3、s4、s11、s12 还存在很大的噪声干扰，s7、s8、s9、s10 随着连续的测试出现了不断的上升漂移；经过处理后的信号明显更加清晰，同一组内的两个传感器对同一被测气体的响应呈现出了一致性，且所有的数据被拉至[0,1]的单位区间，更加方便进行特征提取。

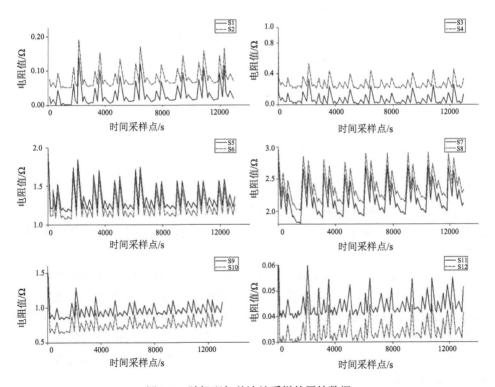

图 3-6　随机配气并连续采样的原始数据

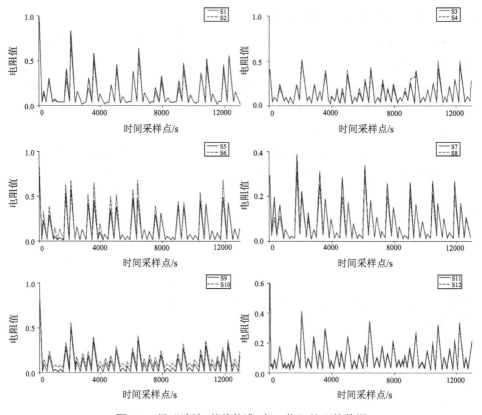

图 3-7　经"滤波-基线校准-归一化"处理的数据

3.3　电子鼻信号特征提取

3.3.1　主成分分析法

主成分分析（PCA）法是一种最先使用的基于统计的分析算法。Pearson 于 1901 年首次引入主成分分析的概念，后来随着计算机的诞生及发展，主成分分析法也得到了广泛的应用。

PCA 为了简化特征，通过分析出综合指标来代替原始特征，使综合指标彼此之间互不相关并且尽量全面地保留原始特征的信息。其基本思想是：通过线性变换将原始数据变换成互相正交的向量。所有的这些向量称为主成分，模式间自变量的最大差异是通过第一个向量反映出来的，其他向量所反映的这种差异程度逐渐降低。按照一定的法则选择部分特征向量构成新的数据映射空间坐标轴，产生新的"综合变量"。

在二维空间有一组分布大致为一椭圆形的数据，投影到一维空间的一条直线上，如果不加约束条件，投影方向有无穷个。根据主成分分析法的思想即是在这条直线的方向上，原数据的方差最大，在任何别的方向上，尽可能使方差最小。

在 m 维的空间中，可以获得 m 个由原变量的线性组合得到的新变量，这些新变量两两正交，如式（3-9）所示：

$$\left.\begin{array}{l} \mu_1 = v_{11}x_1 + v_{12}x_2 + \cdots + v_{1m}x_m \\ \qquad\qquad\vdots \\ \mu_2 = v_{21}x_1 + v_{22}x_2 + \cdots + v_{2m}x_m \\ \qquad\qquad\vdots \\ \mu_m = v_{m1}x_1 + v_{m2}x_2 + \cdots + v_{mm}x_m \end{array}\right\} \tag{3-9}$$

写成矩阵形式为 $\mu = vx$。

为了使高维数据变成低维数据，更加方便数据的处理及尽量保留较多的信息，可以在主成分里选取前面若干个对偏差贡献较大的主成分。提取的 p 个主成分是根据式（3-10）确定的（λ_i 为各主成分对应的贡献率）：

$$\text{比率} = \frac{\sum\limits_{i=1}^{p} \lambda_i}{\sum\limits_{i=1}^{m} \lambda_i} \times 100\% \tag{3-10}$$

一般推荐比率大于 80%，并注意当数据来源不一致及不同变量间的数值相差较大时，应作标准化处理。

3.3.2　核主成分分析法

由于 PCA 是针对线性数据进行降维处理的，不适合于非线性数据，此时可用核主成分分析法（kernal principal component analysis，KPCA）。KPCA 的降维思想是：首先将非线性转化为线性，即利用非线性变换将低维的输入空间映射到高维的特征空间，接着为了保留较多的信息而降低维数，利用 PCA 提取主成分。

输入空间的数据点 $x_1, x_2, x_3, \cdots, x_M$ 变换为特征空间的数据点 $\Phi(x_1), \Phi(x_2), \cdots, \Phi(x_M)$，并假设特征空间的数据点和为 0，如式（3-11）所示：

$$\sum_{k=1}^{M} \Phi(x_k) = 0 \tag{3-11}$$

则在特征空间 F 下的协方差矩阵如式（3-12）所示：

$$\bar{C} = \frac{1}{M} \sum_{j=1}^{M} \Phi(x_j) \Phi(x_j)^{\mathrm{T}} \tag{3-12}$$

因此，特征空间中的 PCA 求解方程如式（3-13）所示，其中 v 表示 PCA 求解的特征空间中的特征向量，可根据式（3-14）来确定：

$$\lambda\left[\Phi(x_k)\cdot v\right] = \Phi(x_k)\cdot \bar{C}v(k=1,2,\cdots,M) \qquad (3\text{-}13)$$

$$v = \sum_{i=1}^{M}\alpha_i\Phi(x_i) \qquad (3\text{-}14)$$

式中，λ 为特征空间的特征值。

根据式（3-13）和式（3-14）即可获得要求的特征值及特征向量。

通过上述的讨论可以看出，PCA 是基于输入向量维数的，而 KPCA 是基于样本的。在实际工作中，对样本数目的筛选也很重要，因为获取训练样本、标识样本需要花费大量的时间和费用，并且样本数量太多会导致问题无法求解。KPCA 不仅可以用于数据的降维处理，还可以用于样本的筛选。

3.3.3　Fisher 判别分析法

Fisher 判别分析法是为了解决将高维的数据点投影到直线上，且投影后直线上的点易于分类的问题。Fisher 判别分析法的基本思想是维数压缩，把高维的数据点投影到合适方向的直线上，使得在该投影方向上可以最大限度地将数据点进行分类。具体方法如下。

（1）求各个类的样本的均值向量 m_i，如式（3-15）所示，式中，X 为样本值，N_i 为 ω_i 类中样本的数量：

$$m_i = \frac{1}{N_i}\sum_{X\in\omega_i}X(i=1,2) \qquad (3\text{-}15)$$

（2）求样本类内离散度矩阵 S_i 和总类内离散度矩阵 S_w，S_i 和 S_w 分别如下所示：

$$S_i = \sum_{X\in\omega_i}(X-m_i)(X-m_i)^{\mathrm{T}}, \quad i=1,2 \qquad (3\text{-}16)$$

$$S_w = S_1 + S_2 \qquad (3\text{-}17)$$

（3）求样本类间离散度矩阵 S_b，如下所示：

$$S_b = (m_1-m_2)(m_1-m_2)^{\mathrm{T}} \qquad (3\text{-}18)$$

（4）求向量 w^*，采用的 Fisher 准则函数如下：

$$J_{\mathrm{F}}(w) = \frac{w^{\mathrm{T}}S_b w}{w^{\mathrm{T}}S_w w} \qquad (3\text{-}19)$$

使得 $J_{\mathrm{F}}(w)$ 取得最大值的 w^* 如下：

$$w^* = S_w^{-1}(m_1-m_2) \qquad (3\text{-}20)$$

（5）对于给定的 X，计算它在 w^* 上的投影点 y，如式（3-21）所示：

$$y = (w^*)^{\mathrm{T}}X \qquad (3\text{-}21)$$

（6）计算在投影空间上的分割阈值 y_0，如式（3-22）所示：

$$y_0 = \frac{N_1 \tilde{m}_1 + N_2 \tilde{m}_2}{N_1 + N_2} \tag{3-22}$$

式中，$\tilde{m}_i$ 计算公式如下：

$$\tilde{m}_i = \frac{1}{N_i} \sum_{y \in \omega_i} y (i=1,2) \tag{3-23}$$

（7）对 X 进行分类，分类准则如式（3-24）所示：

$$\begin{cases} y > y_0 \Rightarrow X \in \omega_1 \\ y < y_0 \Rightarrow X \in \omega_2 \end{cases} \tag{3-24}$$

Fisher 判别分析法过于简单，不能处理非线性问题。改进的方法有两种：一是对样本集进行复杂的概率密度估计，再利用贝叶斯最优分类器，这种方法需要很多的样本数据，在实际中不可行；二是转化为线性问题，即引入核的方法。

3.3.4　K-L 变换法

卡-洛变换（Karhunen-Loeve transform，K-L 变换）是建立在统计特性基础上的一种变换，有的文献也称为霍特林（Hotelling）变换。假设 X 为 n 维模式向量，$\{X\}$ 为样本集，N 为 $\{X\}$ 样本集的样本数目。将 X 变换为 d 维（$d<n$）向量的方法如下。

（1）求样本集 $\{X\}$ 的总体自相关矩阵 R，如式（3-25）所示：

$$R = E(XX^{\mathrm{T}}) \approx \frac{1}{N} \sum_{j=1}^{N} X_j X_j^{\mathrm{T}} \tag{3-25}$$

式中，E 为期望值；X_j 为第 j 个样本的值，$j=1, 2, \cdots, N$，N 为样本数。

（2）计算 R 的特征值 $\lambda_j, j=1,2,\cdots,n$。将特征值按从大到小的规则排列 $\lambda_1 \geqslant \lambda_2 \geqslant \cdots \geqslant \lambda_d \geqslant \lambda_{d+1} \geqslant \cdots$，选取前 d 个特征值。

（3）计算 d 个特征向量，归一化后构成变换矩阵 U，如式（3-26）所示：

$$U = [u_1, u_2, \cdots, u_d] \tag{3-26}$$

（4）对 $\{X\}$ 中的每个 X 进行 K-L 变换，得到的 X^* 如式（3-27）所示：

$$X^* = U^{\mathrm{T}} X \tag{3-27}$$

d 维的 X 替代 n 维的 X 作为分类器的输入向量。

K-L 变换法是满足最小均方误差条件下的最优正交变换，能够很好地去除特征间的相关性以突出差异性，适合于任何概率密度函数，但 K-L 变换法仍存在不足之处。它对于二分类问题的分类效果很好，随着类别增多，效果会变差。K-L 变换法的样本集的协方差矩阵或其他类型的矩阵需要大量的样本来估计，若样本数量不够，矩阵不够准确，效果也就很难体现出来，且计算机无法使用一个统一的快速算法计算其特征值和特征向量。

3.4 电子鼻信号特征分析

所谓特征提取即在某个样本信号中找出能够代表该传感器对被测气体响应的特征值，以图 3-1 为例，需要在一个采样周期（400 个时间序列点）的 4 个阶段内找出能够反映出该传感器对正丁醇气体响应过程的最优信息值。根据图 3-1 电子鼻的典型信号响应特性，可按照传感器参数变化及其曲线的上升下降表现形式，将采样信号的特征分为稳态特征和瞬态特征。以下介绍电子鼻信号所选用的几种主要特征。

3.4.1 稳态特征

稳态特征一般指在响应曲线中传感器的响应值到达相对稳定时的值，包括曲线上升到稳态时的响应值和曲线下降至稳态的响应值，如图 3-1 中的第二阶段和第四阶段，随着通气的进行，传感器输出曲线逐步接近某一个稳定的状态。考虑到传感器与被测气体吸附和脱附的物理效应原理，清洗脱附响应阶段的稳态属于零值响应，因此一般只关注吸附响应阶段的稳态值。

图 3-8 所示为传感器 s1 在 VOC 和正丁醇下的响应曲线，图 3-8 中加入了基线校准操作以方便观察。为了更好地提取稳态特征，采用如下的计算公式：

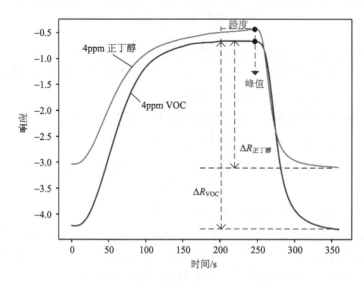

图 3-8 两种气体的响应曲线

ΔR 表示稳态值

$$(x^{(k)}, k) = \text{peak}(x^{[t]}) \rightarrow f_{\text{steady}\_1} = \frac{1}{\text{span}} \sum_{t=k-\text{span}-1}^{k} x^{(t)} \qquad (3\text{-}28)$$

式中，$x^{(t)}$ 为 VOC 或正丁醇曲线的时序样本点；$x^{[t]}$ 为对 $x^{(t)}$ 取完整的样本周期时间序列；peak$(\cdot)$ 为取极值。式（3-28）前半段计算最终结束的稳态值的大小 $x^{(k)}$ 及其对应的序列点 k，该序列点 k 在同批次的测量中不变。后半段用于计算稳态特征 f_{steady_1}，采用极值点往前滑动一个小时间窗口 span 的平均值作为最终的稳态值。这样，有利于消除传感器响应未完全达到稳态和粗大误差点的情况，同时避免了稳态极值点落入局部最优的问题。

3.4.2　灵敏度特征

式（3-28）中的稳态值计算是以传感器的电压或电阻响应值进行的，而响应曲线一般是经过预处理的，采用差值法或差分法进行了基线校准，因此上升或下降至稳态的响应特征实际上是采用变化量为检测量，也可称作灵敏度特征，如图 3-8 所示的 ΔR，这里将其记作 f_{steady_2}。

事实上，f_{steady_2} 和 f_{steady_1} 一定程度上都可认为是稳态特征，但内在的特征信息却是有差别的，f_{steady_2} 是经过校准和归一化的特征，反映了不同传感器无量纲化后的稳态变化率特征，而 f_{steady_1} 还包含了更为原始的浓度信息值的稳态变化量特征，两者可同时组合应用。

3.4.3　瞬态响应速率特征

瞬态响应速率特征一般是指传感器响应曲线在快速上升或快速下降阶段的变化率特征，以图 3-1 为例，第一阶段为通入被测气体后传感器快速响应的阶段，表现为快速上升；第三阶段为通入高纯气体后传感器快速响应的阶段，表现为快速下降。这两个阶段的信号均包含了传感器的响应速率特征信息，即上升率和下降率，因此这两个阶段的信号包含了传感器的响应速率特征信息。

图 3-9 所示为传感器 s1 两种气体的电阻响应曲线，图 3-9 中已加入了基线校准和滤波的操作，且删去了前 2min 的响应以便于观察。瞬态响应速率的计算采用如下公式：

$$(y^{(k)}, k) = \text{peak}(\text{diff}(x^{[t]}, n)) \xrightarrow{\text{yields}} f_{\text{trans}} = \frac{1}{\text{span}} \sum_{t=k-\text{span}/2}^{k+\text{span}/2} y^{(t)} \qquad (3\text{-}29)$$

式中，diff$(\cdot)$ 为对括号内时间序列进行 n 阶差分，这里一般取一阶为表征速率，即 diff$(x^{[t]}, 1) = \Delta x^{[t]} = x^{[t+1]} - x^{[t]}$，若 $n=2$ 则表示上升或下降的加速度。与前文类似，式（3-29）前半段将原始曲线进行差分变换后，计算的极值即为瞬态响应速率；后半段计算瞬态响应速率特征 f_{trans}，采用类似的方式取极值前后一段时长为 span

的点求均值。由于不同气体的响应速率不同，span 取值与原始图形中的时间变化取值相一致，如图 3-9 示例中两种气体的 span 取值分别与 Δt_{voc} 和 $\Delta t_{正丁醇}$ 相一致。

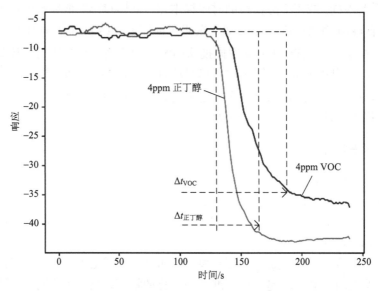

图 3-9　两种气体的电阻响应曲线

3.4.4　指数滑动平均特征

由于气体传感器的采样数据是时间序列周期采样，因此，瞬态特征包含了大量的相关信息。Muezzinoglu 等[96]认为在半导体气体传感器的时序周期采样模式下，其每个样本数据可看作一个离散时间序列，在满足初始条件下，任意的序列 $s(t)$ 可用指数函数模型进行模拟表征，即 $s(t) = \alpha(1 - \mathrm{e}^{-t/\tau})$，其中 α 和 τ 分别为拟合系数。此时，该时间序列模型的特征提取可采用如下公式计算：

$$f_{\mathrm{trans}\_\alpha} = \max_t[\mathrm{ema}_\alpha(x^{[t]})] \tag{3-30}$$

式中，$\alpha \in [0,1]$ 为滑动参数；$\max_t[\cdot]$ 为对括号内时间序列数据求极大值；ema_α 为自定义的一个算子，表示取指数滑动平均（exponential moving average，EMA），可将原离散时间序列信号 $x^{[t]}$ 转换为

$$y^{[t]} = (1 - \alpha)y^{[t-1]} + \alpha(x^{[t]} - x^{[t-1]}) \tag{3-31}$$

该模型变换将原有的吸附-脱附曲线变换成一个峰值，如图 3-10 所示，原样本的上升阶段变换成一个波峰，同理下降阶段为波谷，所选取的特征 $f_{\mathrm{trans}\_\alpha}$ 即为该变换后的曲线极值。Vergara 等[97]还证明了任何一个半导体气体传感器数据都可以进行该变换，且经过变换后气敏响应的瞬时响应信息（图 3-1 中的第一阶段上

升和第三阶段下降）与系数 α 相关，当系数 α 取不同的值时，曲线峰值的大小和
陡峭程度也不同，因此，可通过计算不同系数下的变换特征（ $1>\alpha_1>\alpha_2>\cdots>\alpha_n>0$ ），挑选出最适合的一个特征或多个特征。

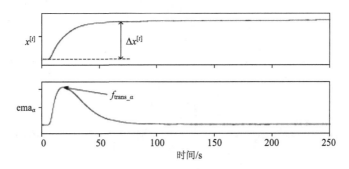

图 3-10　单个样本的指数滑动平均变换

为了验证该特征分析和提取方法的有效性，电子鼻传感器按照前述方法进行
分析计算，图 3-11 所示为乙醇（0.2～2ppm）和 VOC（2～20ppm）的连续采样测
试，这里仅取部分传感器以作示例，气体采样按照浓度不同一共获得 14 个样本，
并经过极限校准等预处理。图 3-12 是将原始数据进行 EMA 变换后的曲线，所选
的系数 α 分别为 0.05、0.01 和 0.005（图中对应 ema1、ema2 和 ema3）。可见，经
变换后的每个样本曲线由类似方波形式变为了一个波峰（上升沿）和一个波谷（下

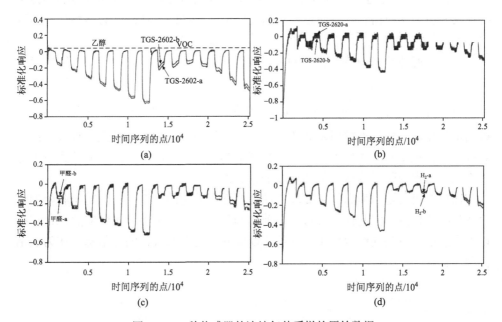

图 3-11　4 种传感器的连续气体采样的原始数据

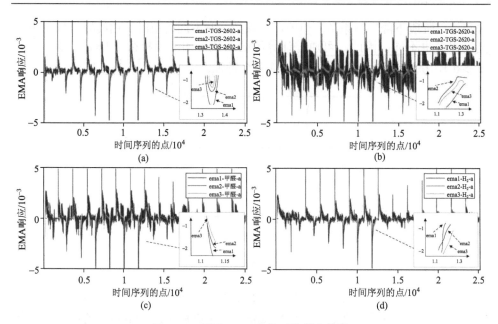

图 3-12　经过 EMA 变换后的样本数据

降沿）的形式，取每个样本的极值即为特征 $f_{\text{trans\_}\alpha}$。尽管原始数据上升沿和下降沿经变换后的峰值都可作为特征且在数据层面上意义相似，然而考虑到每个样本吸附-脱附的反应过程，在物理意义层面上，气体吸附过程反映被测气体的动力学特征及其瞬态响应信息，脱附过程为清洗时通入的高纯气体的动力学特征及其瞬态响应信息，因此，仅取吸附过程的特征值 $f_{\text{trans\_}\alpha}$ 即可。

　　为了更好地验证该特征提取的有效性，图 3-13 给出了提取后的特征模式分析，这里以 ema2 即 $\alpha = 0.01$ 为例，将 14 个样本的特征值画在一条曲线上，即 $f_{\text{trans\_0.01}} = \left[\text{ema}_{0.01}^{[1]}, \text{ema}_{0.01}^{[2]}, \cdots, \text{ema}_{0.01}^{[14]} \right]$。可观测到，每个类型的两个传感器数据曲线的形状相似，特征点幅值及其变换也一致，说明它们的特征模式非常接近；而 4 种传感器在相同的测量条件下的特征图谱却各不相同，对应的特征模式也因此而不同，这也说明了这些特征的提取非常有效。

　　需要指出的是，瞬态特征提取方法主要面向的是图 3-1 中的吸附和脱附的快速变化阶段信息，因此该瞬态特征与前述的稳态特征（主要针对响应的稳定和接近稳定阶段）可共同组合使用，理论上能够涵盖更多的气体响应信息，作为识别模型的输入。

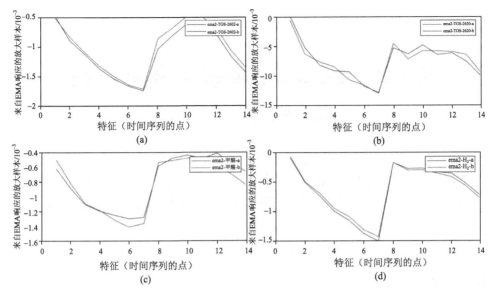

图 3-13　样本特征值的模式分析

3.5　本章小结

本章深入介绍了电子鼻传感器阵列的响应特性或信号特征，给出了电子鼻常用的气体传感器的典型信号特性，并提出了一套面向低浓度气体检测电子鼻流程的数据处理方法，并在此之上分析了气体信号的稳态和瞬态两个方面的响应特性，为后续的研究奠定了理论基础。

第4章　基于增强卷积神经网络的多特征融合嗅觉识别方法

本章主要研究气体检测电子鼻的模式识别技术，提出了一种基于增强卷积神经网络的电子鼻模式识别方法，采用特征变换、数据增强、模型增强等方式建立了改进的嗅觉神经网络模型，通过实验测试验证了模型的有效性和可靠性。

4.1　嗅觉模式识别方法

4.1.1　BP 神经网络

BP 神经网络又称误差逆传播神经网络，它是一种基于监督学习的多层前馈神经网络。BP 神经网络是人工神经网络中较优质的网络之一。它的主要工作形式是信号正向传递，误差反向传递，涉及的主要训练算法是 BP 算法。图 4-1 为三层 BP 神经网络的拓扑结构。

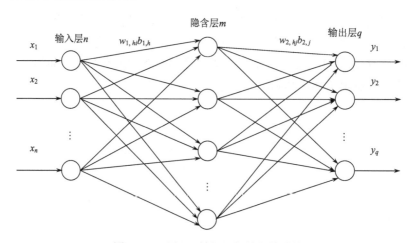

图 4-1　三层 BP 神经网络的拓扑结构

设定样本训练集 $\mathrm{train\_data} = \left\{(x_1, y_1), (x_2, y_2), \cdots, (x_p, y_p)\right\}, x_i \in R^n, y_i \in R^q$ ，表示输入样本特征有 n 维，输出的目标特征有 q 维。图 4-1 中可设输入层有 n 个节点（神经元），隐含层有 m 个节点，输出层有 q 个节点，$w_{1,hi}$ 为输入层第 i 个节点与隐含层第 h 个节点间的权值，$b_{1,h}$ 为隐含层第 h 个节点的阈值，$w_{2,hj}$ 为隐含层

第 h 个节点与输出层第 j 个节点间的权值，$b_{2,j}$ 为输出层第 j 个节点的阈值。α_h 为隐含层第 h 个节点的输入，β_h 为隐含层第 h 个节点的输出，y_j 为输出层第 j 个节点的输入，$\hat{y}_j$ 为输出层第 j 个节点的输出，设输入层到隐含层的激活函数为 Sigmoid 函数，隐含层到输出层的激活函数为 Purelin 函数。式（4-1）为 Sigmoid 函数的表达式，式（4-2）为 Purelin 函数的表达式，其中 k_0 为常数：

$$f(x) = \frac{1}{1+e^{-k_0 x}} \tag{4-1}$$

$$f(x) = k_0 x \tag{4-2}$$

式（4-3）～式（4-6）为 BP 神经网络的信号正向传播表达式：

$$\alpha_h = \sum_{i=1}^{n} x_i w_{1,hi} \tag{4-3}$$

$$\beta_h = f(\alpha_h - b_{1,h}) \tag{4-4}$$

$$y_j = \sum_{h=1}^{m} \beta_h w_{2,hj} \tag{4-5}$$

$$\hat{y}_j = y_j - b_{2,j} \tag{4-6}$$

其中，$w_{1,hi}$ 为网络的权值。

该 BP 神经网络在第 k 个训练集上的均方误差为

$$E_k = \frac{1}{2}\sum_{j=1}^{p}(\hat{y}_j^k - y_j^k)^2 \tag{4-7}$$

其中，p 为样本数量。

BP 神经网络的误差反向传播的原理是基于梯度下降法实现的，选择目标梯度的负方向对网络的连接权值和阈值进行修正，设学习速率为 ν，则对权值 $w_{2,hj}$ 的修正过程如式（4-8）～式（4-12）所示：

$$\Delta w_{2,hj} = -\nu \frac{\partial E_k}{\partial w_{2,hj}} \tag{4-8}$$

$$\frac{\partial E_k}{\partial w_{2,hj}} = \frac{\partial E_k}{\partial \hat{y}_j^k} \cdot \frac{\partial \hat{y}_j^k}{\partial y_j} \cdot \frac{\partial y_j}{\partial w_{2,hj}} \tag{4-9}$$

由式（3-18）得

$$\frac{\partial \hat{y}_j^k}{\partial y_j} = 1 \tag{4-10}$$

由式（3-17）得

$$\frac{\partial y_j}{\partial w_{2,hj}} = \beta_h \tag{4-11}$$

则

$$\Delta w_{2,hj} = -v \frac{\partial E_k}{\partial w_{2,hj}} = v(y_j^k - \hat{y}_j^k) \cdot \beta_h \qquad (4\text{-}12)$$

对阈值 $b_{2,j}$ 的修正过程如式（4-13）所示：

$$\Delta b_{2,j} = -v \frac{\partial E_k}{\partial b_{2,j}} = -v \frac{\partial E_k}{\partial \hat{y}_j^k} \cdot \frac{\partial \hat{y}_j^k}{\partial b_{2,j}} = -v(y_j^k - \hat{y}_j^k) \qquad (4\text{-}13)$$

对权值 $w_{1,hi}$ 的修正如式（4-14）～式（4-18）所示：

$$\Delta w_{1,hi} = -v \frac{\partial E_k}{\partial w_{1,hi}} \qquad (4\text{-}14)$$

$$\frac{\partial E_k}{\partial w_{1,hi}} = \sum_{j=1}^{q} \frac{\partial E_k}{\partial \hat{y}_j^k} \cdot \frac{\partial \hat{y}_j^k}{\partial y_j} \cdot \frac{\partial y_j}{\partial \beta_h} \cdot \frac{\partial \beta_h}{\partial \alpha_h} \cdot \frac{\partial \alpha_h}{\partial w_{1,hi}} \qquad (4\text{-}15)$$

在对 $w_{1,hi}$ 的修正过程中，由于输入层到隐含层的激活函数为 Sigmoid 函数，所以涉及对 Sigmoid 函数的求导，Sigmoid 函数的求导公式为

$$h'(x) = h(x)(1 - h(x)) \qquad (4\text{-}16)$$

所以

$$\frac{\partial \beta_h}{\partial \alpha_h} \cdot \frac{\partial \alpha_h}{\partial w_{1,hi}} = \beta_h \cdot (1 - \beta_h) \cdot x_i \qquad (4\text{-}17)$$

$$\Delta w_{1,hi} = v\beta_h \cdot (1 - \beta_h) \cdot x_i \cdot \sum_{j=1}^{q} (y_j^k - \hat{y}_j^k) \cdot w_{2,hj} \qquad (4\text{-}18)$$

对阈值 $b_{1,h}$ 的修正过程如式（4-19）和式（4-20）所示：

$$b_{1,h} = -v \frac{\partial E_k}{\partial b_{1,h}} = -v \sum_{j=1}^{q} \frac{\partial E_k}{\partial \hat{y}_j^k} \cdot \frac{\partial \hat{y}_j^k}{\partial y_j} \cdot \frac{\partial y_j}{\partial \beta_h} \cdot \frac{\partial \beta_h}{\partial b_{1,h}} \qquad (4\text{-}19)$$

$$b_{1,h} = -v\beta_h \cdot (1 - \beta_h) \cdot \sum_{j=1}^{q} (y_j^k - \hat{y}_j^k) \cdot w_{2,hj} \qquad (4\text{-}20)$$

以上为 BP 神经网络的主要训练过程，然而要训练一个高性能的 BP 神经网络，避免 BP 神经网络的训练陷入局部极值，网络初始化和参数设置也非常重要，如网络的层数、隐含层的节点数、训练停止误差、初始权值阈值及参数修正的学习速率等。

4.1.2 支持向量机

支持向量机是一种基于结构风险最小化原理的机器学习方法，支持向量机及相应的支持向量回归机既适用于线性分类和回归问题，也适用于非线性分类和回

归问题。自支持向量机被提出以来，因其理论框架完善、计算简单、运行速度快、准确率高、通用性和鲁棒性强等优点，得到了广泛的应用，在机器学习领域的地位无可替代。支持向量机的基本原理是：通过核函数将样本数据由低维空间映射到高维空间，最终在变换后的特征空间中求得可以正确划分训练集正负样本并使得集合间隔最大的分类超平面。支持向量机训练过程采用小样本统计学理论，将需要求解的优化问题转化为凸优化问题，最终可以求得全局最优解，与样本数量的大小无关。

下面将研究一个支持向量机用于二分类的模型，设定训练集 train = $\{(x_1, y_1),$ $(x_2, y_2), \cdots, (x_p, y_p)\}$，$x_i \in R^n, y_i \in \{-1, 1\}$，表示输入样本特征有 n 维，输出的目标向量为 –1 或 1，代表二分类。图 4-2 为支持向量机二分类模型，在该样本空间中，分类超平面可由式（4-21）表示：

$$w^{\mathrm{T}}x + b = 0 \qquad\qquad (4\text{-}21)$$

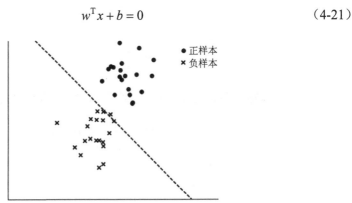

图 4-2　支持向量机二分类模型

式中，$w = (w_1, w_2, \cdots, w_n)$ 为所求分类超平面的法向量，b 为偏置。则任意一个样本 x_j 到分类超平面的距离为

$$d = \frac{\left|w^{\mathrm{T}}x_j + b\right|}{\|w\|} \qquad\qquad （4\text{-}22）$$

若该分类超平面存在，则

$$\left|w^{\mathrm{T}}x_j + b\right| \geqslant 1 \qquad\qquad （4\text{-}23）$$

式（4-23）等号成立的条件为图中距离分类超平面 $w^{\mathrm{T}}x + b = 0$ 最近的三个样本点，即支持向量（support vector）。而正负样本的支持向量到分类超平面的距离之和为

$$l = \frac{2}{\|w\|} \qquad\qquad （4\text{-}24）$$

因此，可通过最大化支持向量到分类超平面的距离和最小化训练样本的误差求得 w 和 b。

$$
\begin{cases}
\min_{w,b} \dfrac{1}{2}\|w\|^2 \\
\text{s.t.} \quad y_j\left[w^{\mathrm{T}}x_j + b\right] \geqslant 1, \forall j = 1,\cdots,n
\end{cases}
\tag{4-25}
$$

式（4-25）为一个凸二次规划问题，接下来可用拉格朗日乘子法求解：

$$
L(w,b,\alpha) = \frac{1}{2}\|w\|^2 + \sum_{i=1}^{n}\alpha_j\left(1 - y_j\left(w^{\mathrm{T}}x_j + b\right)\right)
\tag{4-26}
$$

式中，$\alpha = (\alpha_1, \alpha_2, \cdots, \alpha_n)$ 为拉格朗日乘子，$\alpha_j \geqslant 0$。将式（4-26）分别对 w、b 求偏导，并使得偏导为 0，得到

$$
\begin{cases}
w = \displaystyle\sum_{j=1}^{n}\alpha_j y_j x_j \\
0 = \displaystyle\sum_{j=1}^{n}\alpha_j y_j
\end{cases}
\tag{4-27}
$$

结合式（4-26）和式（4-27），得到式（4-28）的对偶式：

$$
\begin{cases}
\max_{\alpha} \displaystyle\sum_{j=1}^{n}\alpha_j - \frac{1}{2}\sum_{j=1}^{n}\sum_{i=1}^{n}\alpha_j\alpha_i y_j y_i x_j^{\mathrm{T}} x_j \\
\displaystyle\sum_{j=1}^{n}\alpha_j y_j = 0 \\
\alpha_j > 0, j = 1,2,\cdots,n
\end{cases}
\tag{4-28}
$$

由式（4-28）可解得 α，得到相应的 w、b，从而得到支持向量机分类超平面的模型表达式为

$$
h(x) = w^{\mathrm{T}}x + b = \sum_{j=1}^{n}\alpha_j y_j x_j^{\mathrm{T}} + b
\tag{4-29}
$$

4.1.3　鲁棒最小二乘回归

鲁棒最小二乘回归（robustness weighted least square, RWLS）法是对最小二乘（least square, LS）法、加权最小二乘（weighted least square, WLS）法的一种改进算法。

最小二乘法的回归模型如式（4-30）所示：

$$
y = x\alpha + e
\tag{4-30}
$$

式中，y 为 $p*1$ 的向量（*表示几行几列的向量），代表真实目标向量；x 为 $p*n$

的样本数据，代表 p 个样本，每个样本含有 n 维特征；α 为 $n*1$ 的向量，代表待求的系数向量，e 为误差项，则式（4-30）为

$$\begin{pmatrix} y_1 \\ \vdots \\ y_p \end{pmatrix} = \begin{pmatrix} x_{11} & \cdots & x_{1n} \\ \vdots & & \vdots \\ x_{p1} & \cdots & x_{pn} \end{pmatrix} \cdot \begin{pmatrix} \alpha_1 \\ \vdots \\ \alpha_n \end{pmatrix} + \begin{pmatrix} e_1 \\ \vdots \\ e_p \end{pmatrix} \tag{4-31}$$

常设随机误差 e 是高斯-马尔可夫（Gauss-Markov）形式，则 $E(e)=0$，$\mathrm{Cov}(e)=\sigma^2 \mathrm{In}$，$\mathrm{Cov}(e,x)=0$。LS 的求解目的是使得误差平方和 error1 最小，

$$\mathrm{error1} = \sum_{i=1}^{p}(y_i - \hat{y}_i)^2 = (y - x\alpha)^{\mathrm{T}}(y - x\alpha) \tag{4-32}$$

式中，y_i 为真实目标值；$\hat{y}_i$ 为预测值。对式（4-32）求关于 α 的导数，并使得导数为 0，即可求得 α。

WLS 是对最小二乘法误差平方和 error1 引入一项加权系数 w，即

$$w_i = \frac{1}{(e_i - \overline{e})^2} \tag{4-33}$$

$$e_i = y_i - \hat{y}_i \tag{4-34}$$

则 WLS 模型可以用式（4-35）表示：

$$\mathrm{error2} = \sum_{i=1}^{p} w_i (y_i - \hat{y}_i)^2 = (y - x\alpha)^{\mathrm{T}} w(y - x\alpha) \tag{4-35}$$

由式（4-33）～式（4-35）可以看出在 WLS 模型中，均方误差大的样本具有较小的权重，均方误差小的样本具有较大的权值，使得拟合度高的样本在回归模型中有更加重要的作用。

然而，最小二乘法和加权最小二乘法有一个共同的缺点，即对异常点敏感。虽然 WLS 在 LS 的基础上有了较大的改进，但是如果其中有一个样本的误差非常大，就会使对应误差最小的权重非常大，这样整个回归模型的训练效果也会变差。如图 4-3 所示，当出现异常点时，曲线为采用常用的最小二乘法得到的回归线，而实际情况是直线对样本数据的拟合度更强。因此，为了减少异常点的影响，提出了鲁棒最小二乘回归模型。

鲁棒最小二乘回归模型就是针对以上两个回归模型的改进，对异常点进行剔除，减少异常点对模型的影响。该方法在训练回归模型的过程中，应用循环迭代对权重进行动态调整分配。鲁棒最小二乘回归模型训练过程如下。

步骤一：设置迭代次数以及目标函数的收敛值。

步骤二：应用 WLS 模型对样本数据进行拟合。

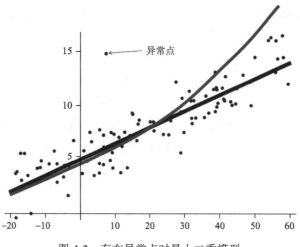

图 4-3　存在异常点时最小二乘模型

步骤三：调整残余误差，即

$$r_e = \frac{e_i}{\sqrt{1-h_i}} \tag{4-36}$$

式中，$e_i = y_i - \hat{y}_i$ 为修正前的校正残余误差；h_i 为影响参数，h_i 值的大小代表异常点对回归模型的影响力大小，其值越大，影响力越大，$h_i(i=1,\cdots,p)$ 为矩阵 H 的对角元素，

$$H = x(x^T x)^{-1} x^T \tag{4-37}$$

步骤四：标准化残差 r_e，即

$$u_i = \frac{r_e}{k \cdot s} \tag{4-38}$$

式中，k 为常数 4.685；s 为鲁棒尺度估计参数，其计算式为 $s=\mathrm{med}/0.6745$，med 为绝对离差的中位数。

步骤五：更新误差加权系数 w，计算方式采取双平方的形式，即

$$w_i = \begin{cases} 0, & |u_i| \geqslant 1 \\ (1-u_i^2)^2, & |u_i| < 1 \end{cases} \tag{4-39}$$

步骤六：判断是否满足迭代停止条件，若不满足，则重复步骤二～步骤六；否则，停止迭代。

4.2　嗅觉卷积神经网络

4.2.1　卷积神经网络

人工神经网络是一种模拟人脑的神经网络以期能够实现类人工智能的机器学

习技术。最早的人工神经网络来源于线性阈值单元，被称作线性感知器，线性感知器的每个输入都连接到了相对应的权重上，通过计算得到输入的加权和，然后对加权和使用阶跃变换而得到输出。与神经元模型相类比，感知器包含了输入、计算与输出功能，它的输入可以类比为神经元的树突，计算则可以类比为细胞核，而输出可以类比为神经元的轴突，如图 4-4（a）所示。当多个神经元组成网络结构时，即为人工神经网络，最简单的模型称为多层感知机（multi-layer perceptron，MLP），如图 4-4（b）所示，其主要包含输入层、输出层、隐含层，以及全连接到最后一层的偏置神经元。

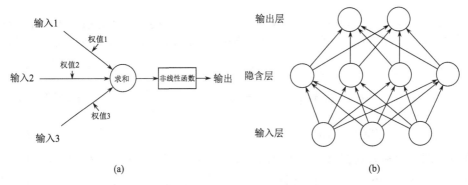

图 4-4　（a）神经元模型与（b）多层感知机

深度神经网络是一种高度复杂的 ANN，它随着计算能力和模型需求的不断提升，在多层神经网络基础上改进而来。Hinton 等[98]最早提出了"深度信念网络"，与传统的训练方式不同，它采用"预训练"（pre-training）过程来找到神经网络中接近最优解的权值，之后再使用"微调"（fine-tuning）技术对整个网络进行优化，这种技术大幅度减少了高度复杂的多层神经网络的训练时间，这种网络模型训练被称为深度学习（deep learning），所搭建的高度复杂、多层神经网络模型被称为深度神经网络（deep neural network，DNN）。

卷积神经网络（convolutional neural network，CNN）是一类包含卷积计算且具有深度结构的前馈神经网络，是深度学习的代表算法之一[28, 99]。CNN 具有表征学习能力，能够按其阶层结构对输入信息进行平移不变分类，因此，也可被称为"平移不变人工神经网络"。如图 4-5 所示为 CNN 的基本架构，一般由输入层、卷积层、池化层、激活层、全连接层及输出层等多层组合构成。

（1）输入层。与传统神经网络学习一样，模型需要对输入层的数据进行预处理，常见的输入层中也覆盖了一些预处理方式，如去均值、归一化、主成分分析、奇异值分解和特征变换等。CNN 的输入层可以处理多维数据，如一维 CNN 的输入层接收一维或二维数组，二维 CNN 的输入层接收二维或三维数组。

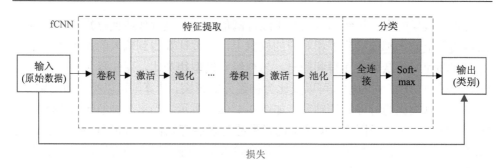

图 4-5　卷积神经网络基本架构

（2）卷积层。顾名思义，卷积层主要是基于卷积的数学运算层，来源于一维信号的卷积计算，如输入信号 $x[n]$ 经过与单位响应 $h[n]$ 的卷积变换后得到了输出信号 $y[n] = x[n] \times h[n] = \sum_k x[k]h[n-k]$，可理解为输出为输入的延迟响应的叠加。对于 $m \times n$ 的二维输入矩阵，其卷积计算可表示为 $y[m,n] = \sum_j \sum_i x[i,j]$ $h[m-i, n-j]$，其中 $[i,j]$ 表示行和列的元素，此时函数 h 可看作是一个滤波器，在神经网络中称为卷积核。卷积层的主要作用是实现局部感知，模拟局部到全部的过程。如图 4-6 所示，卷积核在前一层网络的神经元节点上进行窗口滑动，每次滑动都会使不同的神经元节点和权值进行卷积运算。多个卷积核将得到多个卷积结果，即多张特征层的堆叠，网络深度也会随之加深，因此，其高维特征的表达能力也就越强，学习能力也随之加强。

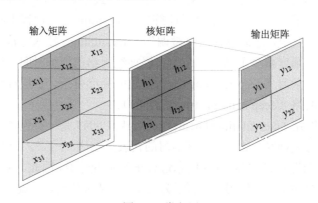

图 4-6　卷积层

（3）池化层。如果卷积操作是上采样的话，所谓池化是对上一层卷积完成后的特征图进行二次操作，即进行二次采样，一般是将上层卷积后特征图的分辨率降低，也称作下采样。池化操作采用滑动窗口遍历，可对特征矩阵的每一块区域做聚合统计操作，主要池化方式有：最大池化、随机池化、均值池化。以最大池化为例，其计算方式为取局部块中的最大值，即 $\max\limits_{[i,j]\in R} a[i,j]$，图 4-7 中，$s$ 和 a 分别为输出和输入，R 为窗口领域内的元素数。经过池化后的特征矩阵维度进一步压缩，如图 4-7 所示，对应的神经网络参数大幅减少，能够防止其维度爆炸和过拟合，有利于加速网络的收敛性和提高准确率。

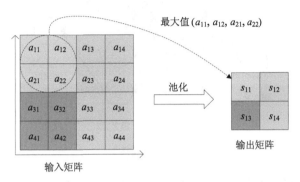

图 4-7　池化层

（4）激励层。卷积层和池化层都是线性函数，激励层则是对卷积层或池化层的输出结果做一次非线性映射，主要有：Sigmoid、Tanh、ReLU、Leaky ReLU、ELU 等函数，其中最常用的 ReLU 函数如图 4-8 所示，其计算公式为 $f(x)=\max(0,x)$。ReLU 函数模拟了人脑神经元接收信号的激活模型，不仅引入了非线性函数提高网络模型的非线性表达能力，同时，当输入增大时，ReLU 函数不会产生梯度消失现象，有益于对深层特征信息的挖掘。

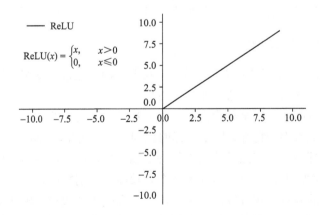

图 4-8　ReLU 函数

（5）全连接层。全连接层一般部署在上述网络层之后，其主要目的是将所有的特征映射到样本空间，即实现最终目标的分类。如图 4-9 所示，全连接层一般为两层以上的结构，它使用卷积层提取的局部特征做整合，全连接层减少了分类难度、加强了网络模型的鲁棒性，为系统提供了非线性因素。

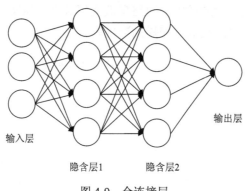

图 4-9   全连接层

全连接层之后一般会有分类函数，如 Softmax 函数，其基本功能为将输入特征值映射为区间[0,1]的实数，解决最后的目标多分类问题。通常，为了减少回归中的参数量，加快模型训练和运行速率，可以在损失函数中加入正则项如 L1、L2 和 Group Lasso[100]等来达到权重衰减的效果。

卷积神经网络的一般性训练方法为：首先，使用正向传播算法经过卷积神经网络的输入层、隐含层和输出层得出输出结果，对比实际输出值和期望值并计算误差；然后，根据该误差值，采用反向传播算法从输出层到输入层来更新网络的各神经元权值，更新方法一般为随机梯度下降法；最后，正反向传播算法交替实施，使网络模型输出的误差平方和最小，进而获取优秀的网络模型。

4.2.2   嗅觉 CNN 的局限性

CNN 作为深度学习的代表算法之一，其主要特点是包含卷积计算且具有深度结构的前馈神经网络，其核心思想是：将局部感受野、权值共享、时空采样这三种结构思想结合起来获得某种程度的位移、尺度、形变不变性，进而能够获取输入数据的整体或共性的特征，用于目标的识别分类。因此，CNN 最广泛的领域即应用在图像处理中，随着图像或图层的特征图变换，图像内目标物体的边缘、形状、尺度等共性特性被提取，可容易地得到较高的识别精度。

本书研究的嗅觉卷积神经网络模型，一方面是为解决传统模式识别难以用于大样本和复杂多特征的电子鼻气体识别问题，引入典型的 CNN 深度学习方法，通过可行性和有效性的验证，以提供一种新的思路方法；另一方面，选择 CNN 作为嗅觉的模式识别算法，很重要的原因是硬件上具有可行性，电子鼻需要采用硬件加速方案进行便携式的仪器设计，用于硬件加速的 AI 芯片如寒武纪的思元 220[101]、嘉楠的堪智 K210[102]等，主要是 CNN 等深度神经网络算法来实现架构的。

尽管如此，嗅觉 CNN 的应用还需解决以下几个方面的问题：

（1）高维数据的输入问题。CNN 常应用于图像数据处理，一个重要的原因是图像的二维像素点和三原色（RGB）通道非常符合 CNN 的输入特征，然而嗅觉传感器信号为高维的时间序列，经过提取后特征还不符合 CNN 的数据输入形式，需要进一步地分析和处理。

（2）嗅觉数据的漂移特征。气体传感器多数会随着时间而缓慢发生漂移，如周围环境的温湿度和气压变化、气体流速引起的传感器表面反应速率改变、气敏元件表面的微观结构毁坏、干扰气体的交叉敏感、周围环境 pH 长期偏低导致中毒等，因此，如何处理数据的漂移特征并建立合适的模型也是一个难点。

（3）网络模型结构与训练。为适应嗅觉数据和信号的特征，必须对原有 CNN 进行改进设计，选用合适的卷积、池化、全连接以及损失函数等；另外，离线模式下的 CNN 只能通过调整神经元的权重来研究传感器的漂移规律，但对于大样本、高维、时变漂移的嗅觉数据，仅依靠神经元的内部调节会丢失之前的漂移信息，因此，还需研究合适的训练方式使网络具备追踪气体漂移的能力。

4.3　多特征融合的嗅觉增强卷积神经网络

针对上述问题，本节提出了一种基于增强卷积神经网络（augmented convolutional neural network，ACNN）电子鼻模式识别算法，采用输入特征变换、数据增强技术和模型增强技术来进行嗅觉数据的多特征融合。该算法能够解决大样本和复杂多特征的电子鼻气体识别问题，同时模型还具备一定追踪气体漂移的能力。

4.3.1　输入特征变换

CNN 的表征学习能力强，具有平移不变性，可按照网络阶层结构对输入信息进行分类，然而，气体传感器典型信号为周期性的时间序列样本，每个样本仍然是一维的时间序列数据，还需经过特征提取和特征变换，才能将每个样本变换为合适的矩阵图谱作为 CNN 的输入。如图 4-10 所示，假设电子鼻为 k 个传感器组成的阵列 $[s_1, s_2, \cdots, s_k]$，某次进行的气体测试采集了 m 个样本 $[N_1, N_2, \cdots, N_m]$，每个样本又是一个包含 4 个反应阶段的时间序列（图 3-1），则原始数据集首先经过特征提取，表示为 $m \times n \times k$ 的三维矩阵；其次，进行符合 CNN 处理的特征变换，输入为 $n \times k$ 的二维矩阵。考虑到电子鼻传感器的典型信号响应特性（图 3-1），气体响应的吸附脱附过程分为 4 个阶段，因此所提取的特征应当符合该响应过程的规律，即提取后的特征还需要进行重组排序，如图 4-10 所示，$f = \left[f_{\text{tr}}^{(P1)}, f_{\text{st}}^{(P2)}, f_{\text{tr}}^{(P3)}, f_{\text{st}}^{(P4)}\right]$ 表示特征向量，其中上标 P 对应气体响应的 4 个阶段，下标 tr 和 st 分别表示提取的瞬态特征和稳态特征。

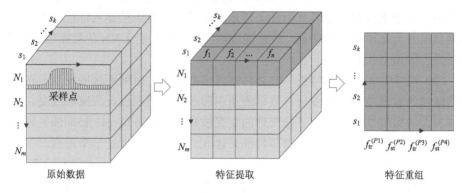

图 4-10　输入特征变换

按照这种方式，重组后样本的特征矩阵：①将符合 CNN 的输入要求，每个特征矩阵变为一个二维的图谱，通过整体的图谱变换操作来加强特征之间的联系，这与 CNN 通过局部感受野、权值共享、时空采样来获取图谱的共性特征思想相一致；②同时，每个样本在事实上仍然保留原有样本的时序特性，重组后的特征向量或值的排序符合气体响应的过程，具备物理意义上的可解释性。

4.3.2　数据增强技术

数据增强（data augmentation）一般是为了处理深度学习中的数据量不大导致的过拟合问题而采取的人工增加训练集数据的方法。数据增强的可行性条件：在不同的任务背景下增强的样本和原来的样本是有强相关性的，特别是在 CNN 中仍然能保留网络模型的平移不变性等特征。常用的数据增强技术有几何变换（如裁剪、旋转、翻转和缩放等）、噪声增强（如添加噪声、数据插值、像素扰动、颜色变换、光照调节和对比度调节等）以及其他数据生成技术（如生成对抗网络、强化学习、学习增广等）。

通常，电子鼻内嵌的算法模块是定型的，用户可自行在应用场景下进行数据采集和模型训练。当所面临的采集任务持续较长、数据量过大时，需采用高性能的深度学习方法，如深度 CNN 架构。传统 CNN 算法首先通过选取部分数据作为训练集和验证集；然后，按照图 4-11（a）方式训练出一个模型；最后，对测试集进行依次预测。当数据过大时，一般采用数据批处理（batch）的方式，训练多个不同的分类器。这种方式所建的模型在一定的时效或工况条件下是可行的，然而由于新数据在样本信息和分布上都是独立的个体，因此该方法所搭建的模型仅仅对当前批次（batch1）具备较好的精度，随着时间推移，模型因没有获得足够的漂移规律等信息，将难以适应新数据的漂移规律，精度就不可避免地出现断崖式下降。

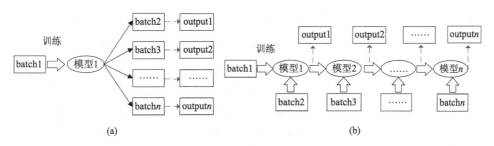

图 4-11　数据增强技术

因此，本节提出了一种面向电子鼻数据特征的数据增强技术，主要目的为改进识别模型的时变漂移特性，使得所建立的 ACNN 具备追踪气体漂移的能力，降低检测识别的误差。图 4-11（b）所示为模型训练阶段的数据增强方法，将原有的每个批次数据进行了累加更新：首先，数据 batch1 训练得到模型 1；其次，新数据 batch2 到来后自动累加进模型 1 的输入；再次，模型 1 自动调整神经元权重，待适应了 batch2 的漂移规律后会生成模型 2；最后，依此往复，模型所学习到的样本量会随着时间推移而增加，新数据的累加无形中形成了数据增强。这种数据增强方式基于历史数据进行，模型基本框架并没有改变，只是神经元的权值参数不断地微调。

除此之外，增强后的数据输入方式还需合适的模型训练方式，采用增量更新可避免在数据增强时重新训练模型的冗余操作，节约了重新训练模型的时间和复杂度，具体的模型增强见 4.3.3 节。

4.3.3　模型增强技术

尽管 CNN 本身能够通过调整神经元的权重来获取气体的数据模式，但是对于高维特征、多类别的大样本电子鼻数据集，仅仅依赖神经元内部调节会丢失先验的漂移信息，从而使网络模型丧失一定的气体漂移追踪能力，如式（4-40）和式（4-41）所示，样本和噪声信号的调整结果 $Out\_old_{i,j}$ 跟神经元权值 W 的调整呈正比例关系，但是仅通过神经元内部调节只能减小噪声对结果的影响，没有从根本上剔除噪声信号，因此随着漂移量的增加，内部调节不能在实时性上满足模型精度的要求。

$$M_{\text{old}_{i,j}} = \sum_{i=1}^{m}\sum_{j=1}^{n}(X_{i,j} + \tau_{i,j}) \times W_{i,j}^{l} + b^{l} \tag{4-40}$$

$$\text{Out\_old}_{i,j} = f(M_{\text{old}_{i,j}}) \tag{4-41}$$

其中，$\tau_{i,j}$ 为噪声的漂移信号；$f(\cdot)$ 为激活、池化、Softmax 等一种或多种计算操作的集合式函数，这里统一用于表示对括号内的变量进行操作的操作合集；$M_{\text{old}_{i,j}}$ 为样本含漂移量的输出特征图；$\text{Out\_old}_{i,j}$ 为样本在有噪声情况下的最终输出结果。

模型增强主要采用增量学习思维，模型之间为依次递进关系，新模型除了能保留旧模型的历史信息之外，还能适应新的漂移规律进行动态调整，满足模型更新实时性要求。具体设计时，在原有 CNN 的神经元内部调节基础上，增加了增量补偿模块进行外部漂移补偿，如图 4-12 所示，计算过程如下：

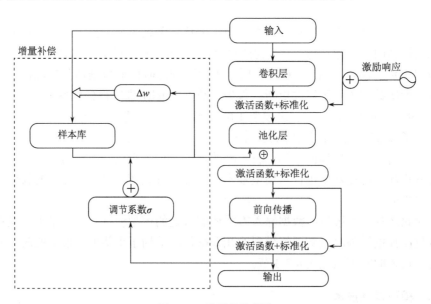

图 4-12　增量补偿模块

（1）首先，将新样本的输入信号 $X_{i,j}$ 和先验信息输入信号 $X_{m,n}$ 进行作差，得到特征漂移量 Δw，通常初始先验信息库矩阵为首次输入样本。先验信息库矩阵按照以下公式计算：

$$\Delta w = X_{i,j} - X_{m,n} \tag{4-42}$$

（2）其次，引入调节系数 σ 和微调系数 β，调节系数初始化的取值范围均为 $(0,1)$，微调系数 β 会根据迭代误差 ε 进行调整，σ 参数按照以下公式更新：

$$\sigma = \sigma + \beta\varepsilon \tag{4-43}$$

（3）再次，引入 ϕ_{ij}^l 增量补偿矩阵，补偿公式如下所示：

$$\phi_{ij}^l = \sum_{i=1}^{m}\sum_{j=1}^{n}W_{i,j}^l \times \sigma \times \Delta w \tag{4-44}$$

（4）最后，计算补偿结果：

$$M_{\text{new}_{i,j}} = M_{\text{old}_{i,j}} + \phi_{ij}^l \tag{4-45}$$

$$\text{out}_{i,j} = f(M_{\text{new}_{i,j}}) \tag{4-46}$$

其中，$M_{\text{new}_{i,j}}$ 为补偿后样本的输出特征图。

按照上述方式，先验信息库矩阵和调节系数 σ 会随着模型训练自动更新。若实际值和预测值的 ε 较大，通过系数 β 的微调，系数 σ 的值就会增加，提高漂移量的信号补偿。这与传统 CNN 神经元调整只能作用于内部调节，且调节范围有限不同，ACNN 可通过"神经元权重的内部调整+增量补偿模块的外部补偿"的共同作用，使得模型随着新数据的输入不停地更新，因此具有可控范围广、灵活性好等优势，二者的结合有助于提升模型鲁棒性和准确性。

4.3.4　网络模型架构与训练方式

根据前述技术，构建的 ACNN 整体模型架构及其方法如图 4-13 所示：首先，在传统 CNN 基础上添加了增量补偿模块进行外部漂移量的补偿；其次，基于历史数据思维更新训练库，能够缓解模型过拟合现象；最后，采用增量学习思维方式训练模型，有助于减少网络训练时间。按照该模型的学习方式，每个 CNN 初始网络内包含有 Conv、Pool、ReLU 等构成的模型。图 4-14 所示为本书根据选用的数据库[103]所搭建的一个基础 CNN 模块的网络架构，根据电子鼻的特征数据以矩阵形式输入，搭建了 2 层的卷积和池化进行处理，最终得到合适的输出。

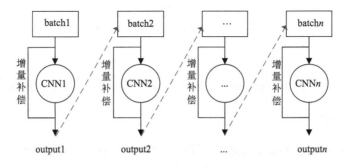

图 4-13　ACNN 整体模型框架构建

该 CNN 的参数是在实际训练中进行最优调校获取的，深度学习中调参工作（学习率、步长、丢弃率、批次数等）是个十分繁重的任务，本节采用如下的方式

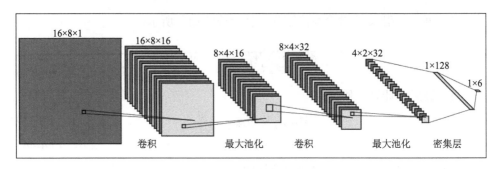

图 4-14　CNN 模型的网络架构

进行调参，如图 4-15 所示，当模型过拟合时，通过提升正则化和提升 dropout（丢弃神经网络单元的概率）来调节；相反，当欠拟合时，增加神经网络层数和降低 dropout；当出现震荡时，可增加批次数，同时降低学习率。具体实现时，可将调参和网络结构的选取作为一组变量，将误差/准确率作为目标函数，将超参数的选择问题转化为优化算法的问题，这样，通过超参数调节和参数组合方式，可使得目标函数达到全局最优。

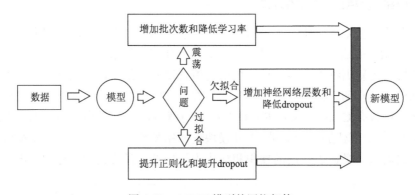

图 4-15　ACNN 模型的网络架构

4.4　基于 ACNN 的电子鼻气体模式识别测试

4.4.1　测试流程

本节分别利用公开数据集和实测数据集来验证 ACNN 的识别效果。模型架构可基于 Tensorflow 后台的 Keras 环境实现网络构建。网络超参数的设置遵循以下规则：根据样本的维度选择输入格式为 16×8×1，采用下降速度最快且效果较好的 Adam 优化器，根据实际显卡性能选择送入网络的数据批次大小（batch-size）为 10，激活函数采用 ReLU 激活函数，评价指标为准确率，选用交叉熵损失函数：

$$L = -\frac{1}{N}\sum_i [y_i \times \log(p_i) + (1 - y_i) \times \log(1 - p_i)] \qquad (4\text{-}47)$$

其中，y_i 为样本 i 的标签；p_i 为样本 i 预测存在物体的概率；N 为样本量。

数据测试流程如图 4-16 所示：首先，将原始数据集进行数据预处理，将数据正规化到一定的区间范围；其次，搭建模型架构并将预处理后的数据送入模型，调整模型参数直到达到最优；最后，将测试集送入训练好的模型中输出结果。

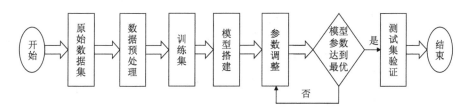

图 4-16　数据测试流程

为了找到最优的分类器，需要进行参数调整，寻优方法一般有三种：网格调参法、k 折交叉验证法和学习曲线法。网格调参法[104]类似穷举算法，当算法的准确率受多个参数影响时，采用遍历的思想，把所有的相关参数都代入计算。假设参数 1 有 a 种候选，参数 2 有 b 种候选，所有的可能性可以用 $a \times b$ 的表格表示，因此称为网格调参法。当候选参数过多时，网格调参法将非常耗时，可根据"先粗后细"的原则，先在大范围上稳定，然后在小范围内调参。k 折交叉验证法[105]把数据集划分为 k 份，一共进行 k 次计算。每次计算取其中一份作为测试集，其他的作为训练集，计算每次的均方根误差，k 次均方根误差的均值作为最终的误差。交叉验证有效利用了有限的数据，其结果与最终测试集上的准确率相差无异，因此，降低交叉验证的误差也能降低模型在最终测试集上的误差。学习曲线法[106]考虑了欠拟合和过拟合问题，描绘了交叉验证的准确率随训练集样本数量增多的关系。通过训练集和验证集准确率曲线的走向和趋势，判断模型是否偏差过高或者方差过高，进而预测模型在新数据上的表现。

4.4.2　数据集

1. Case1-实测数据集

实测数据集采用第 2 章的电子鼻系统进行收集，该电子鼻包含 6 种传感器：TGS-2620、TGS-2602、VOC 传感器、丙酮传感器、H_2 传感器，每种 2 个，共 12 路信号输出，选用的被测气体为正丁醇、丙酮、VOC、二甲苯。图 4-17 所示为数据收集过程的示例，一个样本周期为 6min，包含 2min 通气和 4min 清洗。实验在 3 个多月的时间内进行了多次气体样本测试，总计收集到了 3800 个样本，并通过

表 4-1 对样本分布进行了统计，再按照表 4-2 方式将数据集划分为 10 个批次。收集的原始数据按照第 3 章的方法进行预处理和特征提取，公开数据集最终按照 Vergara 等[97]的方式分别提取 2 个稳态特征与 3 个瞬态特征。

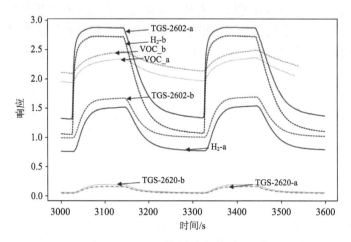

图 4-17 数据采样示例

表 4-1 实测数据集的样本分布

气体名称	标准检测范围/ppm	样本量/个
正丁醇	1～30	648
二甲苯	50～5000	1023
VOC	0～100	962
丙酮	0.1～5	1167

表 4-2 实测数据集的批次划分

批次	天数/d	样本量/个
batch1	1～12	213
batch2	13～24	302
batch3	25～36	107
batch4	37～48	500
batch5	49～60	397
batch6	61～72	471
batch7	73～84	600
batch8	85～96	342
batch9	97～108	400
batch10	109～120	468

2. Case2-公开数据集

为了验证更长周期数据下的气体识别效果，采用 Vergara 等[97]公开于 UCI machine learning repository 中的一个数据集进行测试，该数据集耗时三年共收集了 13910 个样本，被测气体包含甲苯、乙醇、乙醛、乙烯、丙酮和氨气 6 种分析物，数据集按照采集时间轴可划分为 10 个批次，第一个批次的样本数据可按 9∶1 比例划分训练集和验证集，剩余的样本按照批次次序作为不同的测试集。表 4-3 和表 4-4 所示分别为公开数据集的数据和样本分布情况，考虑该公开数据集涉及不同种类和浓度的气体，为了减小不同样本之间的差异性，该公开数据集使用时还需进行标准化，具体处理方式参见前述的 min-max 归一化方法。

表 4-3　公开数据集的数据分布

气体名称	标准检测范围/ppm	样本量/个
氨气	50～1000	1641
乙醛	5～500	1936
丙酮	12～1000	3009
乙烯	10～300	2926
乙醇	10～600	2565
甲苯	10～100	1833

表 4-4　公开数据集的样本分布

批次	月份	样本量/个
batch1	1～2	445
batch2	3～10	1244
batch3	11～13	1586
batch4	14～15	161
batch5	16	197
batch6	17～20	2300
batch7	21	3613
batch8	22～23	294
batch9	24～30	470
batch10	36	3600

4.4.3　结果分析

1. Case1-实测数据集

1）数据分析

为了观察样本分布和预处理的效果，可首先选取数据集中前 50 行作为示例样本；然后，选取 TGS-2620、TGS-2602 系列的传感器对示例样本进行可视化，其中每个传感器内部集成了 2 个气体传感器。图 4-18 所示为可视化效果，其中 1～4 代表传感器编号，横、纵坐标代表传感器信号的响应，对角线的子图是各个属性的分布图，而非对角线上的各图形是两个不同属性之间的相关图。可观察到，原始数据集分布区间为[−25,0]，经过预处理后的数据集分布区间为[−5, 2.5]，预处理后的数据在数据分布上存在着明显的区间缩放，这有利于加速网络的收敛。相同传感器（1 号和 2 号、3 号和 4 号）之间表现为正相关性，说明传感器响应的数据良好；不同传感器（1 号和 3 号、2 号和 4 号）之间表现为差异性，有利于分类器区分不同样本类别。

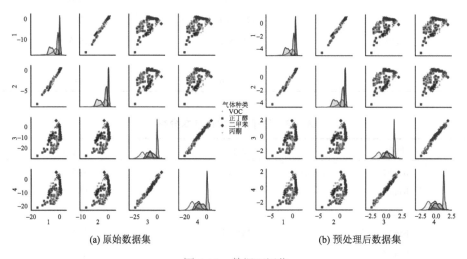

(a) 原始数据集　　　　　　　　　　(b) 预处理后数据集

图 4-18　数据可视化

2）模型分析

训练策略同样采用前述配置以及数据集划分方式，将实测数据集中的训练集送到网络模型中训练。为了验证本节 ACNN 效果，这里还给出了 CNN 的训练过程作为参照，如图 4-19 和图 4-20 所示，训练集和验证集的损失率都在持续下降，CNN 模型在时间步长为 60 时便趋于稳定，而 ACNN 模型在时间步长为 80 时才逐渐稳定，收敛速度相对慢些，但最终都趋于稳定，并且损失率（loss）降为 0.1

以下，说明模型偏差较小；同时，训练集和验证集稳定后的 loss 极小，说明模型方差较小。综上，两个模型都处于非常好的拟合状态。

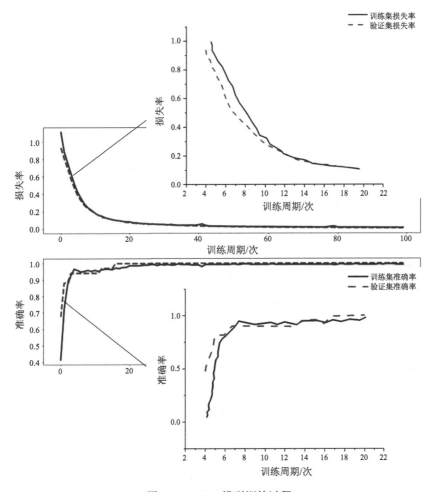

图 4-19　CNN 模型训练过程

3）对比测试

为了验证模型的漂移抑制效果，还对比测试了 ACNN 与 SVM、Ensemble SVM、CNN 的识别精度。在相同数据集下训练以上网络算法达到最优，并将后续的采集数据依次送入模型进行测试。如图 4-21 所示，随着时间的推移，由于气敏传感器阵列的漂移作用，SVM、Ensemble SVM、CNN 算法的整体预测精度都逐渐降低，在一周的时间内，预测准确率下降最大可达 8%，而 ACNN 算法的精度几乎保持不变，平均精度误差在 1%之内。这是由于 ACNN 考虑了历史数据中所包含的漂移信息，并通过增量补偿模块来克服周期性的误差偏移，进而达到较高的预测精度。

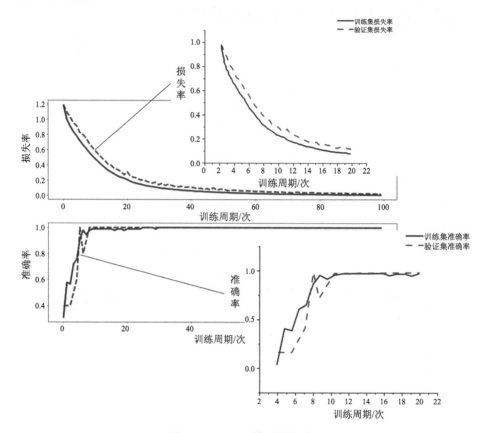

图 4-20　ACNN 模型训练过程

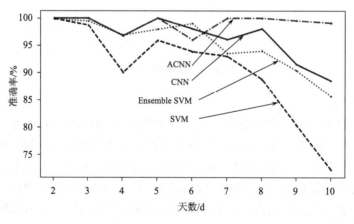

图 4-21　算法性能对比

2. Case2-公开数据集

1）数据分析

同理，按照 Case1 中方式对公开数据集进行可视化分析，如图 4-22 所示，从非对角线看：气体种类的增加，导致不同气体之间的界限比较模糊，将增加网络训练的难度。从对角线看：不同气体之间的分布重叠区域明显增多，这将增加不同气体之间交叉干扰现象发生的可能性，导致预测精度的降低。处理后的数据在数据分布上存在着明显的区间缩放功能，这有利于加速网络的收敛。

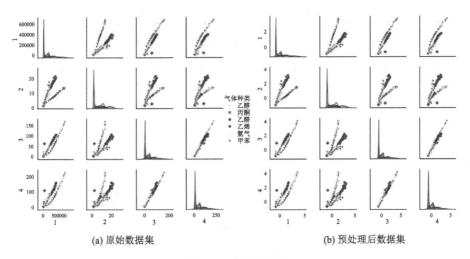

(a) 原始数据集　　　　　　　　　　(b) 预处理后数据集

图 4-22　数据可视化

1、2、3、4 分别表示传感器 1、传感器 2、传感器 3、传感器 4

2）模型分析

同理，训练策略采用前述配置以及数据集划分方式，将公开数据集中的训练集送到网络模型中训练。这里同样给出了 CNN 和 ACNN 的训练过程对比，如图 4-23 所示，可见所训练模型都处于非常好的拟合状态。

3）对比测试

图 4-24 所示为 CNN 和 ACNN 在所选公开数据集中的测试结果。可观测到，这些模型在不同批次（时间）的数据集中测试精度表现不一，但具有相同的趋势：ACNN 模型在前 7 个批次的预测结果基本维持在 70%以上，最后一个批次的预测结果产生了急速下滑；尽管如此，ACNN 相比于 CNN 还是保持了较高的预测精度。原因在于漂移规律会随着时间的推移而发生变化，新样本的漂移规律并没有被模型所学习，导致模型无法对新样本进行漂移补偿，这也是前述 CNN 的局限性；而采用增量补偿和历史数据更新的 ACNN，其模型的鲁棒性得到了提升。

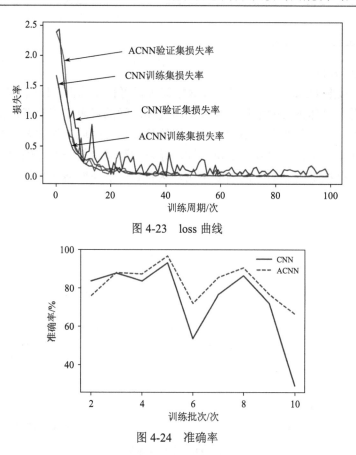

图 4-23　loss 曲线

图 4-24　准确率

另外，在本节所述的计算机硬件平台上，尽管 ACNN 增加了数据增强和增量补偿部分，但 ACNN 和 CNN 的模型训练的时间消耗都在可接受范围内，如表 4-5 所示，ACNN 模型训练可在 2min 内完成。

表 4-5　模型训练时间消耗　　　　　　　　　（单位：s）

时间消耗	CNN	ACNN
平均时间消耗	50.49	64.55
最大时间消耗	58.76	70.25

4.5　本章小结

本章主要基于深度学习算法框架，提出了一种基于增强卷积神经网络的多特征融合识别方法，采用了特征变换、数据增强和模型增强等方式改进嗅觉神经网络的识别能力，通过实验测试验证了模型的有效性和可靠性。这种特征变换、数据增强和模型增强方法对现有的电子鼻模式识别模型具有很大参考意义。

第5章 基于深度学习的机器嗅觉长期漂移抑制研究

由于电子鼻的长期漂移规律难以发掘，实际应用中的测量偏移误差较大，使得电子鼻系统变得不可靠。因此，研究降低信号漂移或漂移抑制方法具有重要意义。本章首先阐述了机器嗅觉系统的信号漂移机理和抑制方法，在此基础上提出了具备长期漂移抑制作用的电子鼻模式识别模型算法，并基于公开数据集进行了测试，以验证长期漂移抑制的有效性。

5.1 机器嗅觉系统的漂移

一般情况下会使传感器发生漂移的因素主要有以下几点：周围环境的温湿度、气压变化、气体流速引起的传感器表面反应速率改变、高温状态下肉眼不可见的微观结构毁坏、其他无关气体与传感器表面发生反应、周围环境 pH 长期偏低导致中毒等。漂移的出现拉低了电子鼻精度的提升上限，增加了众多人力与物力的投入，从而增加了资源的消耗，从而影响了电子鼻技术的普及。根据漂移现象所展现出的不同特征，本节将传感器漂移分为短期漂移和长期漂移。

1. 机器嗅觉系统的短期漂移

机器嗅觉系统的短期漂移是指嗅觉传感器（一般为气体）暴露在外部环境较短时间内，传感器响应发生随机变化的问题。准确来说，传感器暴露在外部环境的时候，传感器的响应随着环境的变化（温度变化、湿度变化等）而表现出不同的响应值，这是因为传感器响应与周围环境的扰动存在着线性/非线性的函数关系。鉴于此，解决短期漂移问题的方案就是要找出特定的关系式，即可将漂移信号从传感器响应信号中去除。解决传感器的短期漂移问题的方法有：根据传感器的参数属性采用硬件的方式对传感器的温度和湿度等外部环境进行补偿，使传感器处于最优工作状态。该方法简单直接，但存在无法充分利用先验信息的缺点。利用简单的模式识别方法/成分矫正法来找出传感器响应与周围环境的函数关系式以将外部环境因素的干扰从传感器响应中剔除是更有效的方法。

2. 机器嗅觉系统的长期漂移

现实情况中，机器嗅觉系统需要长时间工作与运行，除了受环境因素影响外，传感器本身也会出现一定的老化等现象。因此长期漂移不同于短期漂移，其较短期漂移规律更复杂、时间更长、方向性更多变等，本质上来说，长期漂移是电子鼻系统的模式漂移。在电子鼻系统中，由于传感器会随着时间的增加而表现出中毒、老化等现象，加上传感器使用的时间、地点、环境等状况千差万别，导致了传感器响应与外界干扰的函数关系式很难被发现。

漂移困扰了传感器领域很多年，它在实时操作期间会增加人工电子鼻的维护成本，并无法有效解决漂移问题。通常情况下，传感器的长期漂移可归因于两个主要来源：一是由发生在传感膜的微结构上的气相化学分析物的化学和物理相互作用过程导致的"真实漂移"（又称一阶漂移），如老化（如经过很长一段时间后传感器表面的重组）和中毒（如由外部污染导致的不可逆结合）；二是"二阶漂移"（也可以称作测量系统漂移），是由实验操作系统的外部因素和无法控制的变化所产生的，包括但不限于环境变化（如温度和湿度变化）、测量传送系统的噪声（如管子凝结、样品调节等）以及热效应和记忆效应（如滞后或先前气体的残留）。

5.1.1　气体传感器的漂移现象

探讨分析气体传感器的漂移原理与漂移原因，是解决机器嗅觉信号漂移问题的核心。通过一个典型气体传感器的具体响应来观测和描述漂移现象，进而探讨机器嗅觉系统中所存在的漂移类型，是解决各类型漂移问题的主要手段。

电子鼻仪器的主要核心之一为内置的气体传感器阵列。传感器的检测信号漂移将引起整个电子鼻系统的测量误差。一般的气敏传感器稳定性不好，非常容易中毒，性能受环境影响大，当多个传感器组成气体传感器阵列时，在提高机器嗅觉系统识别能力的同时也会增加传感器之间的交叉耦合，因此在发生漂移时会变得更加难以处理。此外，电子鼻系统中还配套有气体传感器阵列的硬件加热电路、信号处理电路等，它们在一定程度上会将气体传感器的漂移偏差进一步地放大，使得漂移呈现出随时间增加而越来越大、越来越不稳定的长周期性特征。

气体传感器可分为金属半导体气体传感器、电化学气体传感器、红外气体传感器、催化燃烧气体传感器、PID 传感器、激光气体传感器和热导气体传感器等。尽管气体传感器种类繁多，但它们大多数根据气体流经气敏元件表面发生的物理化学反应而产生电阻或电压变化的信号实现检测。然而，这种物理化学反应不仅易受环境（温湿度）干扰，同时传感器在被测气体的长期作用下，其响应信号也不断漂移，准确率也就越来越低。

图 5-1 所示为一个常见的金属半导体气体传感器的实测响应信号，可直接地描述漂移现象。测试中，传感器处于恒定环境下且同一被测气体浓度不变。由图 5-1 可知，测试被分为了 5 个阶段，尽管每个阶段内已经尽可能地进行了初始校准，但随着时间的变化，传感器阶段性响应不尽相同，漂移现象将不可避免地发生，并且难以发现其中的规律。

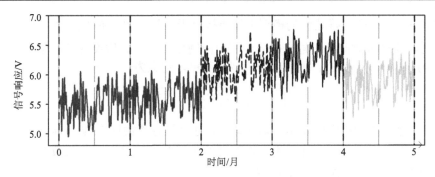

图 5-1　典型的气体传感器漂移现象

同一被测气体相同条件下的稳态响应

5.1.2　漂移问题的数学描述

　　传感器漂移是电子鼻中不可避免的现象。由于气体传感器的交叉敏感响应的特点，输出信号会随传感器所处的环境、自身属性等原因波动。具体而言，当两个相同的传感器暴露在相同的环境中时，传感器的响应原理上应该相同，但是传感器的信号会出现明显的漂移现象，从而使分类器的性能下降。为了详细描述这种现象，漂移可以正式定义为贝叶斯后验概率随时间变化的任何情况，即

$$P_{t+1}(y\,|\,x) \neq P_t(y\,|\,x) = P_t(x\,|\,y) \cdot \frac{P_t(y)}{P_t(x)} \qquad (5\text{-}1)$$

式中，x 为数据集；y 为类别；$P_t(y)$ 为时间 t 的先验概率；$P_t(x)$ 为时间 t 的特征概率；$P_t(x\,|\,y)$ 为时间 t 的条件概率；$P_t(y\,|\,x)$ 为时间 t 的后验概率；$P_{t+1}(y\,|\,x)$ 为时间 $t+1$ 的后验概率。

　　基本定义对于理解概念漂移很重要。通常，随着时间的推移观察 $P_t(x)$ 可以使我们看到要素分布的一般变化，$P_t(x)$ 的变化决定了决策边界。$P_t(x\,|\,y)$ 表示在 y 的特定假设中 x 的出现概率，也称为基于类别的概率。发生概率的变化似乎表明类别标签也可能正在更改，因此 $P_t(x\,|\,y)$ 将改变真实的类别边界。$P_t(y)$ 将类别平衡与总体分布相关联，总体分布也定义了先验概率。从漂移定义中可知，传感器漂移是由数据集中的特征不足、未知或无法观察引起的，因此我们难以获取有关概念漂移的隐藏信息。

　　显然，概率分布函数 $P_{t+1}(y\,|\,x)$ 和 $P_t(y\,|\,x)$ 之间的误差是由漂移数据的信息特征引起的，称为模式特征，而这些漂移数据的信息特征并没有随着时间更新而及时更新。现有的大多数机器嗅觉模型在训练完成了一个学习器（分类或回归）之后，一般情况下并不再进行后续的更新。然而，实际中，我们只能观测到联合概率分布 $P_t(x,y)$ 的变化值，且非常难以知晓该变化是否是由 $P_t(y\,|\,x)$ 的变化引起的。

研究者认为，一个可描述性的模型可能更接近于后验概率分布 $P_t(y \mid x)$，这与实际基于时间序列或时间流而建立的分类回归问题更加符合。假设真实的概率分布是 $P_t(x, y) = P_t(y \mid x) \cdot P_t(x)$，则期望的模型误差可以定义为

$$\text{Err} = \int_{(x,y) \in P_t(x,y)} P_t(x) \cdot (1 - P_t(y \mid x)) \tag{5-2}$$

因此，一个优秀的机器嗅觉学习器应该依赖于"最近邻数据"，从而能够降低该误差 Err。无论概念漂移怎样发生，在不同的时间节点采用"最近邻数据"来不断更新模型有可能是现状下的最优解。

5.2 机器嗅觉信号漂移抑制方法

通常传感器的漂移表现为无方向性、杂乱无章、无规律性等特点，它是一个缓慢的随机波动，通常解决这类漂移问题的方法有：信号预处理方法、定期校正方法、协调校正方法和自适应校正方法。

（1）信号预处理方法。传感器信号预处理主要涉及基线处理法和频域滤波。前者将漂移信号与原始信号进行运算处理以消除漂移的影响；后者是把时域信号转化为频域信号以滤除低频信号。传感器的信号预处理方法中，基线处理法一般方法简单和效果直接而较为普遍，频域滤波需要对传感器自身特性有一定的先验知识，专用性较强。

（2）定期校正方法。定期校正方法依靠参考气体的帮助来进行校正，利用其模拟漂移得到的信号来消除实际的漂移信号，以此达到漂移补偿的目的。这种方法的典型代表是主成分分析法[107]和最小二乘法[108]。这种方法的优点是补偿效果出色，缺点在于校正周期短、工作量较大，也不够方便。

（3）协调校正方法。协调校正方法和定期校正方法类似，目的都是将漂移信号消除，区别是协调校正方法直接在训练数据中将漂移信号去除，而不需要参考气体。两种典型的协调校正方法是独立成分分析校正方法[109]和正交信号校正方法[110]，前者的工作原理是保留气体特征联系最紧密的独立部分并将漂移去除。

（4）自适应校正方法。自适应校正方法在分类决策时就开始进行漂移补偿，过程简单且效果明显，属于一种被动方式。例如，模式识别算法通过匹配传感器输出信号的特征，来实现自适应修改和校准；神经网络方法采用模拟人工神经网络来自适应模型的特征和参数；支持向量机补偿算法针对小样本也更具有优势：可容易地训练出一个相对来说对样本识别率最高且稳定性很强的模型，以达到遏制漂移和对其进行补偿的目的。迁移学习方法也是自适应校正方法的一种，利用很少的参考气体的样本数据来学习漂移后的样本特征空间分布，同样拥有不错的效果。但自适应校正方法只从补偿层面考虑，并没有在特征层面对漂移补偿进行

研究，因此具有一定的局限性。

5.3　基于 DA-SVM 的电子鼻模式识别方法

本节根据机器嗅觉系统的漂移特性，提出一款联合深度自动编码机（deep autoencoder，DA）[111]和支持向量机（support vector machine，SVM）的分类器。该分类器利用自动编码机的降维特性进行特征提取，同时利用简单 SVM 分类器进行有效的识别，适用于大样本、高维特征、多类别的情形。

5.3.1　深度自动编码机

自动编码机（autoencoder）属于无监督学习，结构与反馈神经网络类似，包含两个对称的神经网络。从输入层到隐含层是第一部分的神经网络，称为编码机，作用是对原始输入进行编码操作，编码以后的数据维度小于输入维度。编码机提取了数据中最显著的特征，因此可以用于降维。第二部分的神经网络从隐含层到输出层，称为解码机。自动编码机的输入层维度和输出层维度是一致的。典型的编码机结构从输入层到输出层一共只有三层，可通过增加隐含层到输入、输出层之间的层数，实现深度自动编码机。

图 5-2 为自动编码机的网络结构，整个网络中涵盖了输入层、输出层和隐含层 3 层，其中，$\hat{x}_i$ 代表的是原始输入的第 i 维重构后的结果；经过重构以后，网络的输入和输出相同。整个训练过程均未涉及样本标签，因此可将其称为"无监督学习"。其中，编码公式为

$$h = f(\omega_1 x + b_1) \tag{5-3}$$

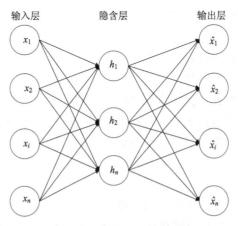

图 5-2　自动编码机的网络结构

其中，h 为隐含层表示（hidden representation），也称为编码后的数据，这是编码器提取的特征向量；f 为激活函数（activation function），常用的激活函数包括 sigmoid 函数、ReLU 函数等，它引入非线性变换，使模型能够学习复杂的模式；ω_1 为权重矩阵（weight matrix），表示输入层到隐含层之间的连接权重；x 为输入数据（input data），表示原始输入向量；b_1 为偏置向量（bias vector），表示在进行非线性变换前加到权重矩阵和输入数据（x）乘积上的常数向量。

相应地，解码公式为

$$\hat{x} = g(\omega_2 x + b_2) \tag{5-4}$$

其中，$\hat{x}$ 为重构后的输入数据（reconstructed input data），表示通过解码器从隐含层表示还原出来的输入向量，它的维度与输入数据 x 相同；g 为激活函数，常用的激活函数包括 sigmoid 函数、ReLU 函数等，它引入非线性变换，使模型能够学习复杂的模式；ω_2 为权重矩阵，表示隐含层到输出层之间的连接权重，它的维度是 $n \times m$，其中 n 是输出层特征的数量，m 是隐含层单元的数量；b_2 为偏置向量，表示在进行非线性变换前加到权重矩阵和隐含层表示乘积上的常数向量，它的维度是 n，即输出层特征的数量。

对于 N 个样本的数据集，自动编码机的损失函数为

$$J(\theta) = \frac{1}{N} \sum_{m=1}^{N} (\hat{x}_m - x_m)^2 \tag{5-5}$$

式中，$J(\theta)$ 为 N 个样本的平均误差；$\hat{x}_m$ 为第 m 个样本解码后的结果；x_m 为第 m 个样本。

深度自动编码机通常采用稀疏编码的方式，稀疏编码的目的是找出一组合适的可以将输入向量线性表示的基向量，通过引入"稀疏性"来解决这一问题，经自动编码机得到的输出在特征描述方面的效用要比原始输入更加明显。一方面，稀疏自动编码机的代价函数的迭代优化方式为梯度下降和反向传播，其中增加的稀疏限制相当好地限制了隐含层单元中过大激励的数量，将这些限制施加于隐含层上可以让它学习表达样本特征，并且能有效地将样本降维。另一方面，通过深层网络的编码和解码方式，大大增加了隐含层神经元的数量，将隐含层中节点的分布方式和权值的分享方式进行一定程度的改变，根据相应的目标对训练深度自动编码机的代价函数做出选择，最终找到深层的特征信息。

5.3.2　支持向量机

支持向量机是监督学习中常用的方法之一。一个与该模型功能相仿的模型是逻辑回归模型，二者的核心函数都是 $w^T x + b$，不同点在于支持向量机的输出中并不包含概率，而是只有类别。当此函数为正时，支持向量机预测出的结果为正类，

反之则为负类。核函数技巧是支持向量机的一大创新之举。举例如下，将支持向量机的线性函数转换为

$$w^{\mathrm{T}}x+b=b+\sum_{i=1}^{m}\alpha_i x^{\mathrm{T}}x^{(i)} \tag{5-6}$$

式中，w 和 b 分别为权值和偏置；α_i 为系数。除了进行线性分类外，SVM 还可以运用核技巧进行非线性分类，将输入数据的隐式映射在高维特征空间中。支持向量机在多维或无限维空间中构建分类超平面或其集合，其可以在分类和回归等任务中使用。

5.3.3　DA-SVM 方法与流程

结合机器嗅觉系统的信号数据特征，本节设计了一款联合深度自动编码机和支持向量机的分类器，该分类器利用 DA 解决电子鼻长期、大量、高维信号的特征提取问题，同时利用 SVM 解决电子鼻的较少目标类的识别问题。

DA-SVM 分类器的具体流程如图 5-3 所示，这里以前述章节的公开数据集为例，由于输入层有 128 维特征，用于该特征的深度自编码机的网络节点数为 [128,64,6]，即输入层有 128 个节点，第一隐含层有 64 个节点，编码机的输出包含 6 个节点，因此原始的 128 维特征被降为 6 维。主要步骤如下：

步骤一：获取机器嗅觉系统的原始数据集，归一化并人工给数据集贴标签，数据集可记为：$S_1=\{(x_1,y_1),(x_2,y_2),\cdots,(x_m,y_m)\}$，其中，$(x_i,y_i)$ 为第 i 个样本对，x_i 为样本原始数据的特征，y_i 为对应的标签，m 为样本数。

步骤二：构造深度自动编码机（DA），剔除步骤一中 S_1 的标签列 (y_i) 并将剩余的特征集 (x_i) 作为该网络的输入，经过多次迭代训练后可输出新的特征集 (x_i^{o})，上标 o 表示新的数据。

步骤三：将步骤二中得到的特征集 (x_i^{o}) 贴上步骤一中的标签列 (y_i)，生成新的数据集，可表示为 $S_2=\left\{(x_1^{\mathrm{o}},y_1),(x_2^{\mathrm{o}},y_2),\cdots,(x_m^{\mathrm{o}},y_m)\right\}$。

步骤四：将步骤三的新数据集 S_2 送入一个支持向量机模型进行训练，可采用折页损失函数来确定其误差，定义为 $L=\max\{0,1-y_i\cdot\hat{y}_i\}$，其中，$y_i$ 为标签真值，$\hat{y}_i$ 为预测的点到分类超平面的距离，经多次调参直至模型误差降至合理的区间，求得 SVM 分类模型的参数。

步骤五：步骤四的 SVM 分类模型参数即可用于机器嗅觉系统的气体分类识别。当机器嗅觉系统仅获取可信的样本时，重复上述步骤一和步骤二进行特征提取，然后利用步骤四中已获取的 SVM 分类模型即可对新样本进行识别；然而，当机器嗅觉系统新获取的是大量的带标签样本时，需重复步骤一~步骤四，从而实现 DA 和 SVM 分类模型的重新训练以更新模型，具体参见 4.3.2 节的数据增强

技术，使得模型的抗漂移能力得到极大提升。

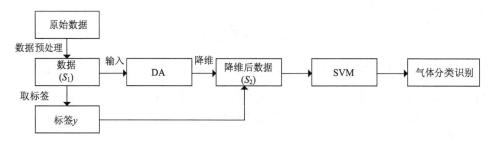

图 5-3 DA-SVM 算法流程示意图

DA-SVM 通过联合深度自动编码机和支持向量机，既能够利用自动编码机进行自动降维并提取特征，又采用了实际应用时更可靠的简单 SVM 分类器进行识别，以期能够处理大样本、高维特征、多类别、长期漂移的问题，提高电子鼻的模式识别性能。

5.4 基于 ENNL 的电子鼻模式识别方法

DA-SVM 是从特征提取角度，依赖复杂的 DA 网络来挖掘可靠的电子鼻内在模式特征，进而通过简单的 SVM 分类器来实现的。因此，在当前的数据集条件下，可以将 DA-SVM 作为一个完整的独立模型。本节新提出一种基于集成学习（ensemble learning，EL）[112]方法的电子鼻模式识别方法，通过集成或优选的方式对当前数据集的多个模型进行强化，进而建立一个能够平衡各个子模型的强大分类器。

5.4.1 集成学习

在监督学习算法中，经常会遇到实际训练的模型不理想的情况，这些模型有时是一些具有某些特定偏好特性的模型，如对某几个类别的识别效果好于其他类别，这些偏好模型称为弱监督模型。集成学习就是利用同质或者异质学习算法对同一个问题进行学习得到多个学习器，如图 5-4 所示，通过多个弱监督模型的组合来获取更加全面的模型。集成学习的思想认为：一个弱分类器的能力是不足或有限的，它可能在局部或者特定偏好的情况下较优，但不能保证全局的最优；为了达到全局的最优，特别是当某一个弱分类器出现错误的预测时，其他的弱分类器能够对该错误预测进行一定程度的校正。因此，集成学习的主要实现方法即为将几种相同或不同的机器学习模型进行组合，进而获得一个预测模型的综合性算法，以达到减小偏差、方差或提高预测的精度等效果，如它们分别采用 Boosting、

Bagging 或 Stacking 的方式，可在现实情况下非最优数据集实现一种综合最优的
策略。

图 5-4　集成学习原理

　　典型的集成学习方法有：Bagging、Boosting 以及 Stacking。①Bagging 也被
称作"装袋算法"，其采用多次放回的抽样方式来计算统计量的分布以及置信区
间，通过将取出的样本数据进行训练以获取多个不同学习器，主要步骤为：首先，
在原始样本集中抽取 n 个样本作为训练数据，以该数据作为第一轮的训练集，下
一轮抽取时保证前一轮抽取的数据放回原始样本集，保证原始样本集数据不变，
即通过 k 轮抽取一共可得 k 个相互独立的训练集；其次，使用每一轮抽取的独立
训练集进行模型训练，即 k 个训练集将一共训练出 k 个模型；最后，若模型为分
类学习器，则将得到的 k 个模型进行加权投票，以得到最终的分类结果，若模型
为回归学习器，则将 k 个模型的回归结果进行均值计算，作为最后的回归拟合结
果。②Boosting 的主要思想是通过强化组合把一些弱分类器提升为一个强分类器，
其主要原理是在概率近似正确的框架下，通过提高前一轮被弱分类器分错样例的
权值，则一定可以将弱分类器组装成一个强分类器。一般情况下，可采用加法模
型将弱分类器进行线性组合，如 AdaBoost（adaptive boosting）算法[113]和梯度提
升决策树（gradient boosting decision tree，GBDT）算法[114]。③Stacking 方法的主
要策略是训练一个可以组合其他各个模型的模型：首先，根据原始数据训练多个
不同的模型；然后，将各个模型的输出看作输入来训练一个新的模型及其输出。
理论上，Stacking 可以表示前述两种集成方法，只需采用合适的模型组合策略即
可；但在实际中，我们通常使用逻辑回归作为组合策略。

5.4.2　集成神经网络

　　在集成学习中，需要将多个分类器结合以完成相关学习任务，机器学习中常
用的分类器有支持向量机、贝叶斯分类器、决策树等。尽管这些分类器可作为基
分类器的选项，但考虑到神经网络在电子鼻识别模型中的广泛应用性和拓展能力，

本节将选用多层感知机或反馈神经网络模型作为基分类器，通过前述的 Bagging 算法实现集成。为了提高集成学习的抗漂移能力，这里同样采用数据增强技术进行模型的更新和迭代。

5.4.3 ENNL 方法与流程

基于集成神经网络学习（ensemble neural network learning，ENNL）的电子鼻模式识别方法，如图 5-5 所示，它将采用加权组合将电子鼻当前及之前所训练的弱神经网络分类器集成，并提升为一个新的"强分类器"，该分类器含有各个基分类器之间的偏移或异构数据信息，能够自动补偿掉未来一个时段内的漂移误差。

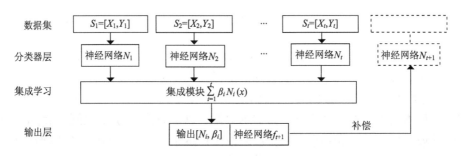

图 5-5 集成神经网络学习

空白表示未来未知数据集

其主要步骤如下：

步骤一：将预处理之后的数据集表示为：$S_t = \{(x_1, y_1), (x_2, y_2), \cdots, (x_n, y_n)\}$，其中 (x_i, y_i) 为当前 t 时段数据集的第 i 个样本对，n 为样本数。此时可将电子鼻传感器的特征矩阵和标签记为 $X_t = \{x_1, x_2, \cdots, x_t\}$ 和 $Y_t = \{y_1, y_2, \cdots, y_m\}$，经处理后的特征值应为一维向量形式。

步骤二：采用浅层神经网络对每个 t 时段的数据集 S_t 进行训练学习，得到各自的基分类器 $N_t(x)$，可将这些模型记为 $N_{et} = [N_1(x), N_2(x), \cdots, N_t(x)]$。

步骤三：采用加权的方式组合各时段的基分类器，集成后的最终分类器定义为未来一个时段 $t+1$ 的分类器，即 $f_{t+1}(x) = \sum_{i=1}^{t} \beta_i N_i(x)$，其中，$\beta_i$ 为各个分类器的权值，通过求解如下一个优化问题来估计权值 β_i：

$$\arg\min_{\beta_1, \cdots, \beta_t} \sum_{i=1}^{n} \left(\sum_{j=1}^{t} \beta_i N_j(x_i) - y_i \right)^2 \tag{5-7}$$

本步骤中集成的基分类器个数应不少于 5 个，这样可以保证较好的分类器漂移和特征，最终权值优化问题采用梯度迭代算法求解。

步骤四：输出神经网络分类器参数 $\{N_1, N_2, \cdots, N_t\}$ 及其权值向量 $\{\beta_1, \beta_2, \cdots, \beta_t\}$；利用上一步所示的公式 $f_{t+1}(x) = \sum_{i=1}^{t} \beta_i N_i(x)$ 来构建最终的集成分类器 $f_{t+1}(x)$，该分类器保留了当前及之前数据集的漂移或异构数据的特征信息，能够自动补偿掉未来 $t+1$ 时段内的漂移误差。在本步骤中构建的集成分类器能够采用条件判断的方式，在数据集更新时会同时进行自动更新：当新的数据采集时段 $t+1$ 完成后，对新采集到的数据集 S_{t+1} 的样本个数是否满足要求进行判断，若满足要求，则自动依据 S_{t+1} 训练新的神经网络 N_{t+1}，同时将 N_{et} 更新为 $[N_1(x), N_2(x), \cdots, N_t(x), N_{t+1}(x)]$。同时，训练新的集成学习器 $f_{t+2}(x)$；若不满足，则再次判断 $t+1$ 时段间隔是否小于等于 t 时段，若是，则认为数据集 S_{t+1} 中的样本分布与前一批次的 S_t 一致，直接使用权值 β_i 作为当前批次 S_{t+1} 应有的权值，同时训练新的集成学习器 $f_{t+2}(x)$，若不是，则提示需要进行增加样本数据量的信息。

ENNL 通过加权集成的方式将电子鼻的基分类器强化为一个新的强分类器，强分类器强化了各个基分类器的优势，具有更好的抗漂移能力。对比现有的技术，ENNL 虽然采用了电子鼻原有的有限样本下的弱学习模型，但并不需要更复杂或深度的网络学习和训练，其通过加权集成兼顾了计算时效性和分类器精度，对硬件要求也低。

5.5　基于多模型融合的电子鼻模式识别方法

模型融合（model fusion，MF）属于集成学习的范畴，但和传统集成学习又有所区别：传统集成学习是将弱分类器通过学习算法集成起来的分类器；而模型融合是将多个强分类器通过某种特定的融合策略来提升模型的精度，通常这种方式称为 Stacking 策略[96,97]。如图 5-6 所示，Stacking 算法需要使用上一层的建模算法来学习（融合）当前层的输出，所选用的基分类器（融合模型）要优质且性能上有所差异。鉴于此，本节采用三种树模型作为基分类器，来保证融合模型的多样性，选用 SVM 作为二级分类器，实现结果的预测输出。

5.5.1　基分类器的选择

1. 支持向量机

支持向量机（support vector machine，SVM）[98]是个有监督的分类模型，该算法根据特征值构建一个 n 维空间，并将所有的数据点投影到该空间上，最终会生成不同的分类超平面。为了使模型的泛化性较强，引入了间隔最大化概念来选择最优分类超平面，达到了分类效果。支持向量机的计算公式如下所示。

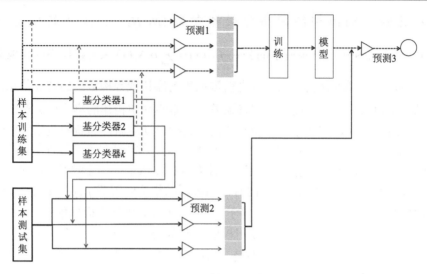

图 5-6　Stacking 算法结构图

1）给定全体数据集

$$D = \{(x_1, y_1), (x_2, y_2), \cdots, (x_m, y_m)\} \tag{5-8}$$

式中，x_m 为单位特征向量；y_m 为当前样本的标签；(x_m, y_m) 为一个样本数据；D 为全体数据集。

2）目的：寻找一个分类超平面将不同类别的数据区分开，假设该分类超平面可书写为

$$w^{\mathrm{T}}x + b = 0 \tag{5-9}$$

式中，w 为法向量；b 为偏置；w 和 b 为模型优化的参数，这两个参数的好坏决定着模型的优劣。

3）实现步骤：设定任意数据点到分类超平面的距离为

$$\gamma = \frac{\left| w^{\mathrm{T}}x_j + b \right|}{\|w\|} \tag{5-10}$$

如果样本能被上述的分类超平面成功分开，则式（5-11）成立，该公式也为约束条件：

$$\begin{cases} w^{\mathrm{T}}x_i + b \geqslant 1, y_i = 1 \\ w^{\mathrm{T}}x_i + b \geqslant -1, y_i = -1 \end{cases} \tag{5-11}$$

上述满足公式条件中的 x_i 即为支持向量，通常这些支持向量会决定分类结果的精准性和鲁棒性。支持向量到最优分类超平面的计算公式为

$$\gamma_{\max} = \max_{w,b} \frac{2}{\|w\|} = \min_{w,b} \frac{1}{2}\|w\|^2 \tag{5-12}$$

式中，$\gamma_{\max}$ 为最优分类超平面。由式（5-12）可得，要使 $\gamma_{\max}$ 最大，即要 $\|w\|$ 最小，通过求解该式可以得到 SVM 的标准形式为 $f(x) = w^{\mathrm{T}} + b$。

将 SVM 标准形式和约束项结合可得

$$L(w,b,\alpha) = \frac{1}{2}\|w\|^2 + \sum_{i=1}^{m}\alpha_i(1 - y_i(w^{\mathrm{T}}x_i + b)) \tag{5-13}$$

由于待优化的参数为 w 和 b，因此对 L 进行多元求导可得

$$w = \sum_{i=1}^{m}\alpha_i y_i x_i \tag{5-14}$$

$$b = \sum_{i=1}^{m}\alpha_i y_i \tag{5-15}$$

最终可得

$$f(x) = w^{\mathrm{T}} + b = \sum_{i=1}^{m}\alpha_i y_i x_i^{\mathrm{T}} + b \tag{5-16}$$

2. 决策树

决策树（decision tree，DT）[99]本质是一个根据训练集来估计条件概率的模型。决策树的学习过程是一个贪婪算法优化特征的过程，其中最优特征的选取依赖信息增益、信息增益比、基尼（Gini）系数等，该分类器能够使大多数样本得到较理想的分类结果。决策树的推导如下。

1）给定全体数据集

$$D = \{(x_1, y_1), (x_2, y_2), \cdots, (x_m, y_m)\} \tag{5-17}$$

式中，x_m 为单位特征向量；y_m 为当前样本的标签；(x_m, y_m) 为一个样本数据；D 为全体数据集。

2）利用信息增益算法进行特征选择

$$H(D) = -\sum_{k=1}^{K}\frac{|C_k|}{|D|}\log_2\frac{|C_k|}{|D|} \tag{5-18}$$

$$H(D,A) = \sum_{k=1}^{K}\frac{|D_i|}{|D|}H(D_i) = -\sum_{k=1}^{K}\frac{|D_i|}{|D|}\sum_{k=1}^{K}\frac{|D_{ik}|}{|D_i|}\log_2\frac{|D_{ik}|}{|D_i|} \tag{5-19}$$

$$G(D,A) = H(D) - H(D,A) \tag{5-20}$$

式中，C_k 为数据集中属于类别 k 的样本集合；D_i 为在特征 A 上取某一特定值时

的数据子集；$H(D)$ 为数据集 D 的经验熵；$H(D,A)$ 为特征 A 在数据集 D 上的条件熵；$G(D,A)$ 为用于选择特征信息的信息增益；D_{ik} 为在特征 A 上取某一特定值时属于类别 k 的数据子集。

3）决策树剪枝

$$C_a(T) = \sum_{t=1}^{|T|} N_t H_t(T) + a|T| \tag{5-21}$$

$$H_t(T) = -\sum_{k=1}^{K} \frac{|N_{tk}|}{|N_t|} \log \frac{|N_{tk}|}{|N_t|} \tag{5-22}$$

$$C(T) = \sum_{t=1}^{|T|} N_t H_t(T) = -\sum_{t=1}^{|T|}\sum_{k=1}^{K} N_{tk} \log \frac{N_{tk}}{N_t} \tag{5-23}$$

$$C_a = C(T) + a|T| \tag{5-24}$$

式中，N_t 为当前叶节点 t 的样本点的数量；$|T|$ 为树 T 的节点个数；t 为树 T 的叶节点个数；N_{tk} 为当前类别 k 样本点的数量；$C_a(T)$ 为损失函数；$H_t(T)$ 为树 T 上的经验熵；a 为超参数；$C(T)$ 为剪枝算法。

4）分类树

$$\text{Gini}(p) = \sum_{k=1}^{K} p_k(1-p_k) = 1 - \sum_{k=1}^{K} p_k^2 \tag{5-25}$$

$$\text{Gini}(D) = 1 - \sum_{k=1}^{K} \left(\frac{|C_k|}{|D|} \right)^2 \tag{5-26}$$

$$D_1 = (x,y) \in D \big| A(x) = a, D_2 = 1 - D_1 \tag{5-27}$$

$$\text{Gini}(D,A) = \frac{|D_1|}{|D|} \text{Gini}(D_1) + \frac{|D_2|}{|D|} \text{Gini}(D_2) \tag{5-28}$$

$$\Delta\text{Gini}(A) = \text{Gini}(D) - \text{Gini}(D,A) \tag{5-29}$$

式中，p_k 为第 k 类的概率；$\text{Gini}(\cdot)$ 为基尼系数；D_1 和 D_2 为数据集 D 中的特征 A 的取值是否等于 a 划分的 2 个不同数据集；$\Delta\text{Gini}(A)$ 为特征 A 下的 Gini 增益，从而生成了分类树。

3. 随机森林

随机森林（random forest，RF）[100]是建立在决策树基础上的树模型，依据不同决策树产生的不同投票结果，通过判别出投票最高的类别来作为最终的分类结果。随机森林的核心在于有放回的随机抽样，将每次抽样的样本训练一个基分类器，通过多次抽样形成多个基分类器，最后将这些基分类器进行组合。因此，随机森林是 Bagging（串行集成）框架下一个典型的并行集成模型，随机森林算法原理和决策树类似。

4. 梯度提升决策树

梯度提升决策树（gradient boosting decision tree，GBDT）[101]是使用梯度提升策略训练出的决策树模型。GBDT 通过训练会给样本进行赋权，通过对错误分类的样本赋予相对较大的权值，对正确分类的样本赋予相对较小的权值，模型下一次迭代时会注重错误样本的训练，以提升模型的性能。但 GBDT 的优化策略在于使用梯度下降法不断最小化实际值与预测值的残差来不断逼近真实值，因此 GBDT 本质上属于 Boosting（并行集成）框架的范畴，该算法的计算公式如下所示。

1）给定全体数据集

$$D = \{(x_1, y_1), (x_2, y_2), \cdots, (x_m, y_m)\} \tag{5-30}$$

2）弱分类器初始化

$$f_0(x) = \arg\min_c \sum_{i=1}^{N} L(y_i, c) \tag{5-31}$$

式中，c 为所有类别的均值；$f_0(x)$ 为初始化的弱分类器模型，即训练过程的起始模型；$\arg\min_c$ 为找到一个参数 c 使得目标函数达到最小值；$\sum_{i=1}^{N} L(y_i, c)$ 为损失函数 $L(y_i, c)$ 在所有训练样本上的总和，其中 N 是训练样本的数量。

3）GBDT 模型的训练

$$r_{mi} = -\left[\frac{\partial L(y_i, f(x_i))}{\partial f(x_i)}\right]_{f(x) = f_{m-1}(x)} \tag{5-32}$$

$$c_{mj} = \arg\min_c \sum_{x_i \in R_{mj}} L(y_i, f_{m-1}(x_i) + c) \tag{5-33}$$

$$f_m(x) = f_{m-1}(x) + \sum_{j=1}^{J} c_{mj} I, \quad x \in R_{mj} \tag{5-34}$$

$$f(x) = f_M(x) = f_0(x) + \sum_{m=1}^{M}\sum_{j=1}^{J} c_{mj} I, \quad x \in R_{mj} \tag{5-35}$$

式中，$f(x_i)$ 为给定输入 x_i 时模型的预测值；$f(x)$ 为在特定的迭代步骤中模型对输入 x 的预测；$f_{m-1}(x_i)$ 为第 $m-1$ 轮迭代后的模型预测值；I 为指示函数；M 为迭代次数，即弱学习器（决策树）的数量；J 为每个决策树的区域（或叶子）数量；r_{mi} 为残差；c_{mj} 为最佳拟合系数（通常是新回归树叶节点区域的平方损失值）；

$f_m(x)$ 为更新后的分类器；$f(x)$ 为 GBDT 分类器。

5.5.2 多模型融合方法与流程

SVM 的训练并不需要所有的样本，大大节约了训练所需的空间；DT 是对数据要求最低的模型，并且可解释性好；RF、GBDT 分别属于集成学习中 Bagging、Boosting 框架的范畴，RF 主要通过减少模型之间的差异性来提升模型的精度，而 GBDT 兼顾了模型的 2 个重要拟合参数来提升模型精度，二者都具有较好的精度。综上所述，不同分类器所学习到的特征有较大区别，因此如何结合不同模型的学习结果来提升模型的泛化性便是本节的核心。鉴于此，本节提出了基于 Stacking（堆叠集成）不同分类器的融合，通过图 5-6 模型融合（MF）的方式来更准确地预测未知数据；通过集成学习框架的融合，实现串行+并行+堆叠的框架融合，有助于增加模型的鲁棒性。

根据图 5-7 可得，融合模型构建步骤如下：

（1）训练数据划分。假设采集数据集表示为 $D = \{(x_1, y_1), (x_2, y_2), \cdots, (x_m, y_m)\}$，随机划分为 5 折的集合 $D_1, D_2, \cdots, D_5$，并且 $D_i \bigcap D_j = \varnothing$。

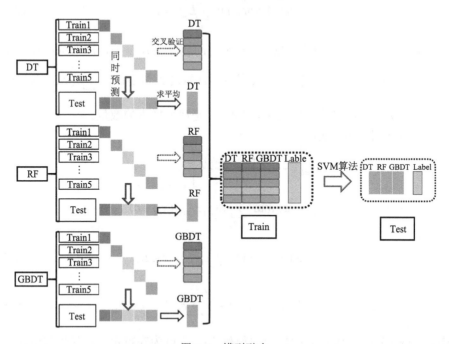

图 5-7　模型融合

（2）选用 DT、RF、GBDT 三个基分类器并对它们进行单独训练，分别记为 $\varphi_1, \varphi_2, \varphi_3$。分类器的分类结果采用决策向量来记录类别的输出，表示为

$$\varphi_i^{(l)} = p_{i,j}^{(l)}(x_k), k \in m, i \in [1,3], j \in [1,4], l \in [1,5] \tag{5-36}$$

式中，$p_{i,j}^{(l)}$ 为第 l 个交叉验证折数中第 i 个分类器对第 j 个气体类别的分类结果；i、j 分别对应基分类器个数、气体类别；l 为交叉验证折数；$\varphi_i^{(l)}$ 为最终分类结果。

（3）将训练好的模型分别交叉预测验证集和测试集的标签列，并将预测后的结果分别组成新的训练集和测试集，表示为

$$\bar{D} = \left\{ (\varphi_1^{(l)}, y_1), (\varphi_2^{(l)}, y_2), \cdots, (\varphi_m^{(l)}, y_m) \right\} \tag{5-37}$$

（4）采用 SVM 算法对新训练集进行模型训练，并在新测试集上验证模型效果。

$$\text{Out} = f(\bar{D}) \tag{5-38}$$

式中，$f(\cdot)$ 对应于模型融合规则。

本节通过 DT、RF、GBDT 三种强分类器构建了一级分类器，保证了模型的优质性和差异性。接着使用 SVM 构建了二级分类器，对一级分类器中的基分类器结果进行融合并预测，从而构建了一种基于 Stacking 的电子鼻模式识别模型。

5.6　模型测试评估

为了更好地验证 DA-SVM、ENNL 和 MF 对电子鼻长期漂移数据的抑制效果，这里采用前文介绍的公开数据集 Case2 作为实测，该数据集耗时 3 年采集了 13910 个样本，采集了包含丙酮、乙醇、乙醛、乙烯、氨气以及甲苯在内的 6 种分析物，每个样本为含有 128 个维度的特征向量。

5.6.1　DA-SVM 模型

为了验证 DA-SVM 模型对电子鼻长期漂移的抑制性能，采用 SVM 分类器（测试 1）、CNN 分类器（测试 2）、随机森林分类器（测试 4）与本节 DA-SVM 分类器（测试 3）做对比测试。图 5-8 所示为长期漂移的算法测试结果，可观察到，SVM 分类器和随机森林分类器在气体识别中的效果不相上下；CNN 算法性能最差，特别是稳定性方面，如批次 2 和批次 10 的精度差异可达 30% 多；而测试 3 采用的本节所述 DA-SVM 分类器的平均准确率高达 96%，相比于其他算法有着很大的优势，并且在本次测试中，所建立的 DA 部分能够将单个样本的 128 个维度特征自动降至 64 个，而结果中最差的性能依然保持了 90% 的准确率。

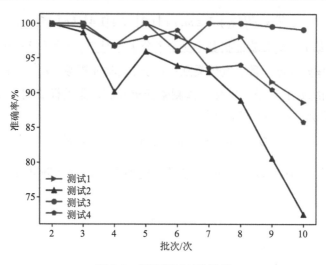

图 5-8　算法测试对比结果

5.6.2　ENNL 模型

为了验证 ENNL 模型在电子鼻长期漂移抑制方面的效果，这里采用 Vergara 等[97]给出的 4 种测试方法：Test1 为前一个月的数据所训练的分类器来测试当前月；Test2 用以前月份的所有数据训练一个集成神经网络分类器来测试当前月；Test3 与 Test2 相似，采用相同的权值来训练集成分类器；Test4 与 Test1 相似，但加入了基于主成分分析法的分量校正。其中，第一个时间批次训练的神经网络作为参考分类器，标记为 Reference。

图 5-9 所示为测试结果，且每次测试的分类器训练都能够达到很好的收敛效果。可观测到，在 Test2 采用的 ENNL 方法中，随着时间周期/批次的增加，ENNL

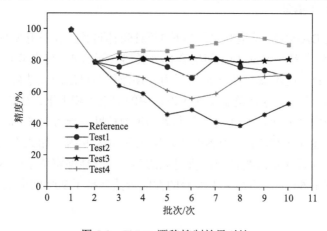

图 5-9　ENNL 漂移抑制效果对比

模型始终保持了较高的分类器精度，性能优于其余的方法。特别是该方法由于采用了数据增强技术，从第二个时间周期/批次开始，模型的精度随着批次的增加保持了相对稳定，后续的漂移抑制在一定程度上达到了目标。

5.6.3　多模型融合方法

为了验证多模型融合（MF）方法在电子鼻长期漂移抑制方面的效果，按照前述方式对两个数据集分别进行测试。模型训练结果如图 5-10 和图 5-11 所示，可知：集成模型和融合模型的训练集和验证集均收敛于接近 100%的准确率，说明模型偏差小；准确率值曲线也相一致，说明模型方差也小；表明两个模型均处于较优拟合。时间步长方面，融合模型收敛速度相对集成模型慢一点，但并不影响实时性要求。

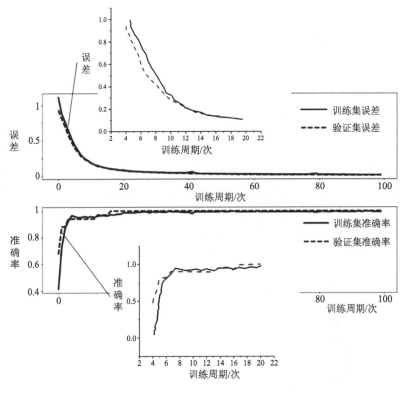

图 5-10　集成模型训练结果

1. 实测数据集测试

同样，为了验证模型融合方法的优越性，本节选取了 SVM、DT 单一分类器

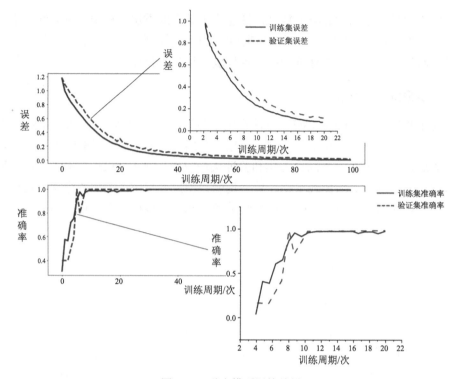

图 5-11　融合模型训练结果

和 RF、GBDT、ESVM（Ensemble SVM）集成分类器进行了比较。为保证各分类器达到最优性能，同样采取网格搜索和交叉的方式选取最优超参数；最后使用 10 次交叉验证结果的平均值作为最终分类结果。由图 5-12 可知，ESVM、RF 算法准确率基本在 92%波动，GBDT 算法准确率基本稳定在 95%，MF 算法准确率基本保持在 98%以上，并且 10 次交叉验证结果表现得较稳定，根据上述结果可得

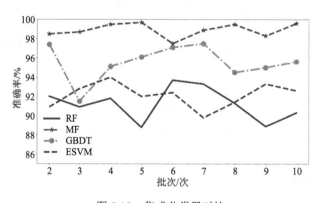

图 5-12　集成分类器对比

出以下结论：①MF 算法较其他集成算法有更好的准确率，有利于降低模型的偏差；②MF 算法较其他分类器有着更好的稳定性，有利于降低模型的方差以提升模型泛化性；③MF 算法兼顾了识别精度和模型的稳定性，从而能够准确识别出气体类别。

ACNN 与模型融合（MF）对比分析：将实测数据集分别送入到 ACNN 模型与融合模型中训练，并绘制了不同模型的低准确率和高准确率，不同分类器的准确率结果如图 5-13 所示。可见，ACNN 模型和 MF 模型的准确率均较高，且准确率的波动较低，说明了模型的准确率和鲁棒性较好，验证了两个模型的有效性。

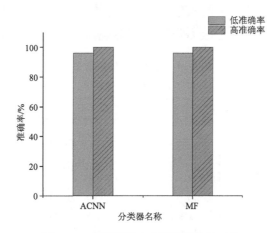

图 5-13 改进模型在实测数据集的对比

2. 公开数据集测试

同样，为了验证模型融合方法的优越性，本节按照前述方法将公开数据集送入到融合模型中训练，并采用 5 次交叉验证的准确率作为实验的结果。由图 5-14 的雷达图可知，DT、SVM、MF 算法进行 5 次交叉验证的准确率平均值分别为 79.44%、85.05%、99.36%，MF 算法较其他单一的气体分类器具有较高的准确率，提升幅度为 15%～20%。每次交叉验证的结果差距较小，说明模型的方差较小，有较好的鲁棒性。

ACNN 与模型融合（MF）对比分析：按照前述实验方式将公开数据集送到 2 个模型中训练，训练结果如图 5-15 所示。可见，ACNN 模型的低准确率仍然保持在 90%以上，而 MF 模型的低准确率只有 86%左右，而两者的高准确率却相差无几，说明 ACNN 模型稳定性稍高于 MF 模型，综上可知 ACNN 模型较 MF 模型有着鲁棒性的提升。

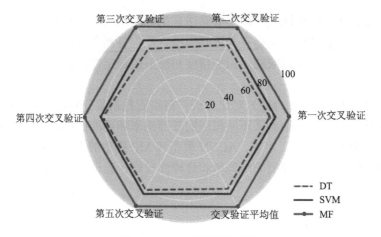

图 5-14　交叉验证结果对比

单位为%

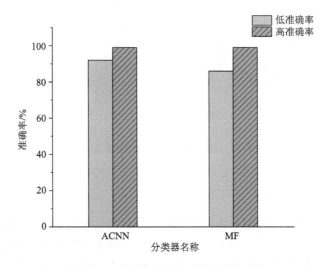

图 5-15　改进模型在公开数据集的对比

5.7　本 章 小 结

本章深入分析了机器嗅觉系统的漂移机理，给出了电子鼻长短期信号漂移的理论分析，指出了电子鼻气体检测漂移的关键在于特征规律的发掘。在此基础上建立了多种深度学习算法框架来提取嗅觉信号特征的深层特征，进而获得可具备漂移抑制能力的电子鼻模式识别模型，并基于公开数据集和实测数据集验证了漂移理论和技术。

第6章 面向地面污迹识别的移动机器人电子鼻系统研究

移动机器人已广泛应用于室内环境，避障功能是其关键功能之一。地面污迹是各类环境中的典型地面障碍，常见的如医院中的药水和患者体液或家居环境中的饮料和宠物粪便等。然而，目前应用于移动机器人的地面污迹识别方法，主要是根据视觉信息提取到的外观特征实现对象的粗粒度识别，不具备对如液体污迹等拥有极高外观相似度的对象进行细粒度识别的能力。基于人类对于地面污迹的理解方式分析可得，除视觉外，嗅觉也提供了大量信息用于分析地面污迹。本章以此为依据，提出了一种利用机器嗅觉信息来增强移动机器人的现有视觉感知能力，可对具有特殊气味的地面污迹实现细粒度识别的方法。本章的主要内容介绍如下：

（1）为验证视嗅融合感知模型的有效性，本章介绍了基于移动机器人平台搭建面向地面污迹识别的感知系统。该系统主要包含视觉模块、嗅觉模块和通信模块，其中视觉模块与嗅觉模块作为地面污迹信息感知来源，通信模块用于平台间各模块的信息转换与传递。

（2）提出一种改进移动机器人地面污迹识别性能的视嗅融合感知模型。该模型将视觉信息与嗅觉信息作为输入，利用深度神经网络实现了地面污迹特征提取、信息融合与决策输出。设计基于注意力机制优化的骨干网络，对具有模态间隐含关联的融合信息提取更高效的特征，采用以通道信息量为衡量指标的通道剪枝方法对模型进行压缩，实现了模型参数量降低和推理效率提高，并通过静态和动态实验对比，对所提方法的有效性进行了验证。

（3）提出一种用于污迹识别的视嗅融合感知模型的快速更新方法。针对机器人应用过程中将被要求快速增加新识别类型的情况，引入基于存储的增量学习方法以完成模型的快速更新，并通过引入聚类方法改进代表性存储更新方法，使模型具备了更佳的准确性。

6.1 机器人嗅觉感知

6.1.1 机器人环境感知技术

机器人能够像人类一样对世界做出反应，实现如避障和导航等功能，离不开以传感器为基础的环境感知系统。机器人技术体系实现的基础离不开环境感知，显然机器人能够感知环境及自身状态的关键为传感器技术，即机器人的感知功能通常需要通过各类传感器来实现。不仅如此，环境感知技术也是机器人的场景理解、地图构建和运动控制等的基础，如传感器获取的数据如何转变为可认知理解的语义信息、如何利用多源传感器的信息来进行地图的构建以及运动控制所依赖的反馈信息来源等。

在智能机器人的技术体系中，感知-控制-交互是融合发展的，而感知则是一切技术的基础。借助传感器，机器人能够及时感知自身和外部环境的参量变化，为控制和决策系统提供数据输入。从仿生角度来看，机器人环境感知需要各类传感器技术来模拟实现人类感觉，如视觉、听觉、触觉、嗅觉等，因此，高精度和高可靠性是机器人传感器技术的基本要求。

受制于当前传感器技术的发展，多传感器融合通过整合多源感知信息并处理的方法是机器人环境感知的重要策略之一。这是由于机器人是一个复杂的多源感知系统，而单个传感器获取的信息通常有限，通常是对某一特定的测量对象如距离、速度、姿态、图像等底层的元信息进行测量，其无法获得测量对象的上层（如语义理解）或整体环境（如全域地图）的全部信息。从仿生感知功能的角度来看，机器人需要从视觉、听觉、触觉、嗅觉等多维的感知角度来配置相应的传感器，因此涉及的传感器种类多、成本高且复杂。不同传感器的原理和硬件千差万别，这也导致了市场上现有的机器人大多功能缺乏复合性，仿生感知的能力有限，感知功能的逻辑性较弱，融合感知的技术仍然处于软件算法层面。

目前，机器人感知的视觉、听觉、触觉、嗅觉等发展成熟度是不同的。机器人环境感知经常用到的传感器有视觉相机、激光雷达、毫米波雷达、超声波传感器等，这些传感器及其组合能够实现一般意义上的自主移动功能。激光雷达一般输出的是目标的二维或三维点云信息，可用于精确位置信息测量或形态描述；视觉相机则是获取目标或环境的图像数据，具有较好的纹理和色彩特征；毫米波雷达则工作在毫米波段（波长为 $1\sim10\text{mm}$），兼有微波制导和光电制导的优点，在目标识别中具备较好的穿雾或灰尘的能力。超声波传感器是利用超声波信号（振动频率高于 20kHz）在目标或分界面产生的反射回波实现检测。可见，以视觉为主的感知手段成熟度相对较高。听觉传感器也是机器人中较为常见的器件，它利用语音信号处理技术来实现机器人的"人-机"对话，听觉传感器一般为能够检测出声波或声音的传感器，用于识别声音。类似地，触觉传感器用于机器人的触觉仿生感知功能，触觉传感器一般与接触力感知测量息息相关，因此，也常被称为力触觉感知。相对于视听触觉感知技术，嗅觉技术的成熟度相对较低，机器人在嗅觉感知上的应用发展还有待进一步提升。

6.1.2　机器人嗅觉源定位技术

环境感知系统的接收信息模态可以根据实际需求而包括各种类型。在视觉退化的情况下，基于参数化粒子滤波，利用触觉反馈估计所有空间中的对象姿势和形状，这种方法能够凭借初始物体与碰撞表面的粗略接触信息进行高精度估计。在气体扩散与气体识别领域，现有的研究主要面向气体检测和源定位。例如，通过研究面向意外气体泄漏的源识别和定位技术，来解决环境污染、防爆和安全预警的问题，从源头上预判危险或阻止有毒气体扩散。因此，如何快速识别和准确定位气体泄漏源成了机器人嗅觉的主要研究方向。

在室内气体检测方面，现有的气体源定位方式可以概述为主动嗅觉和被动嗅觉。主动嗅觉一般基于智能机器人的自主移动和环境感知来实现；被动嗅觉则一般采用多点固定或布置的传感器网络来实现。显然，机器人搭载气体传感器的主动嗅觉更加灵活方便，能够通过机器人的自主移动来接近目标。然而，气体传感器本身仍属于化学传感器，除了稳定性不如物理量测量之外，气体还受环境的湍流、通风等周围条件的限制，在大搜索区域或障碍物的复杂环境，机器人的嗅觉感知能力因对气体识别追踪能力的降低而减弱。主要原因为气体分布和气流浓度在动态开放采样中受湍流影响，使得机器人嗅觉感知在气体源搜索和定位中变得困难。而被动嗅觉技术一般为静态的传感器安装，通过多点位的布局建立自组织网络来实现气体的检测。尽管这种方式并非仿生学的主动感知方法，但在现有技术条件下，大量低成本和灵活的检测节点网络布置依然广泛应用于环境检测、安防预警和工业监控等领域。

在气体源定位研究方面，现有的方法可大概分为三类：基于搜索行为的气体寻源、基于模型分析的气体源定位、结合视觉识别的气体源识别定位。早期的研究多采用前两种方法，主要是通过研究流体模型或烟羽分布模型，获取基于空气中气体、颗粒或风速等参数变化的模型或规律中所包含的关键信息，进而为基于检测信号的搜索和估计方法提供支撑。其中，烟羽轨迹指的是泄漏发生后气体分子在空气中会进行扩散，气体扩散的浓度会随着气味源距离远近而不同，这些浓度分布会在空间中形成轨迹，称之为烟羽轨迹。通常，因为无法预测空气中湍流的影响，烟羽轨迹是不稳定且复杂连续变化的。然而，机器无法像动物（如侦查犬）一样实现有效的危险搜寻和气体源定位，其根源在于感知能力的不足。气体扩散模型可给予路径、轨迹和效率等方面综合辅助。因此，感知能力的提升是改进气体源定位技术的核心。

6.1.3　地面污迹识别问题

目前，移动机器人在工厂自动化、建筑、采矿、排险、军事、服务、农业等方面也有广泛的应用前景。随着复杂任务和需求的不断增加，如移动机器人需要在只有部分人为控制或完全无人控制的情况下代替人类完成任务，这使得移动机器人智能化水平也要不断提高，特别是对机器人的自主性提出了更高要求。环境感知系统作为机器人的数据来源，是机器人进行有效运动的基本保障。视觉是目前最常见的移动机器人环境感知信息模态。除此以外，嗅觉器官也属于环境感知器官的组成部分，目前的机器人嗅觉检测方法，是根据电子鼻的化学传感器采集到的气体信息，通过设计的算法进行化学物质类型认知和浓度的变化规律分析，以实现气味识别和气味源定位。电子鼻的研究在工业安全生产、大气环境监测、危险物泄漏检测、医用技术、石油勘探、食品安全等诸多领域已经不乏诸多优秀案例。

地面污迹是一种通常由固体、液体或两者混合组成的典型障碍物。目前应用于机器人的地面污迹识别方法均为根据视觉模态信息提取到的外观特征进行粗粒度识别，但这是不足的。当如家用清洁机器人或医疗运输机器人在环境中运行时，在面对如清水、药水或排泄物等不同污迹时，应当对环境安全与运行状况进行综合评估后，采取不同反应措施。然而，目前现有方法并不具备对地面污迹的细粒度识别能力。根据分析，人类面对地面污迹时，通常将结合视觉器官与嗅觉器官获取的信息对地面污迹进行理解，并对运动策略进行调整，如面对排泄物时进行避让，面对清水等则不改变原有行动轨迹，即嗅觉信息可以对视觉信息产生有效增强补充。因此，通过嗅觉信息对图像语义信息进行增强，实现感知系统性能提升的方法，对移动机器人感知系统具有重要意义。

6.2 移动机器人系统搭建

6.2.1 移动机器人系统

1. 移动机器人系统架构

本节采用了目前通用的机器人平台系统，该自主移动机器人的系统结构如图 6-1 所示，系统主要包括移动机器人底盘、独立于移动机器人外的视嗅信息采集系统、用于实时演算和模型训练的计算中心和负责无线网络搭建的 WiFi 模块。

机器人将利用激光雷达与惯性测量单元进行建图与定位，摄像头作为视觉传感器与新增的气体传感器一起构成视嗅融合分类模型的信息来源。通过无线网络上传至独立的高性能服务器。服务器作为计算中心将承担模型的离线训练与在线应用。在线计算过程中，加载于服务器的模型将根据收到的信息输出识别结果，并通过无线网络对主控制板下达指令。主控制板负责对底盘整体运行的逻辑进行安排。移动机器人实物图与内部结构如图 6-2 所示。

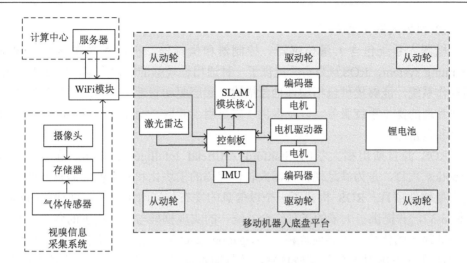

图 6-1　移动机器人系统结构图

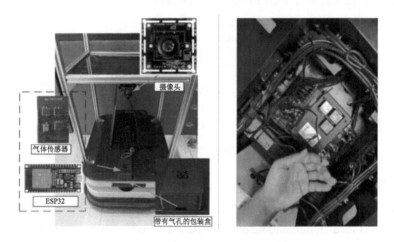

图 6-2　移动机器人外观与内部结构

2. 移动机器人关键技术

机器人技术包括硬件与软件部分。硬件部分用于实现如信息采集、软件搭载、机械运动等功能。软件技术依赖硬件系统进行实现，与普通机器人相比，移动机器人的关键技术主要集中于运动控制与环境感知两部分。运动控制部分将根据不同类型的机器人的移动方式需求进行单独设计。环境感知部分主要集中于环境先验地图的构建、机器人的实时定位以及即时的避障辅助系统。本节的主要创新是对避障辅助系统进行了改进。本节将对采用的底层系统、运动控制与导航、建图及定位方法进行介绍，地面污迹感知系统硬件部分将在下文进行说明。

1）机器人操作系统

机器人系统包含大量传感器、控制器和执行器。机器人操作系统（robot operating system，ROS）为实验提供了一种通用性较强的解决方案。ROS 是一种后操作系统，能够提供包括硬件抽象描述、底层驱动管理、程序间信息传递和程序包管理的操作系统服务，以及提供一些可用于获取、编译和执行多融合程序的工具和数据库。

ROS 源自斯坦福大学的 Stanford Artificial Intelligence Robot 和 Personal Robotics 项目，是为满足现代机器人软件代码的模块化和复用性的需求而被创建的大型软件项目。ROS 构建了一个以信息的发布与订阅进行节点间通信的框架（图 6-3），并提供了大量的工具组合。统一的实现框架与社区提供的强大生态系统是其最大的优势，如导航堆栈（navigation stack）功能包的集合，用户可以方便地使用该 ROS 功能包从某些传感器接收输入数据，并向下位机输出速度命令，这些传感器包括但不限于激光雷达、视觉传感器。

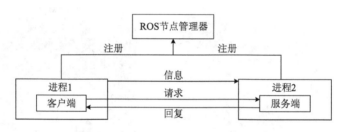

图 6-3　ROS 中的通信架构图

2）导航、建图与定位

机器人的导航、建图与定位关键技术主要采用同时定位与地图构建（simultaneous localization and mapping，SLAM）技术。本节采用激光 SLAM 作为机器人导航、定位与建图的技术手段，以实现所提出方法的动态测试，其主要核心算法为基于滤波 SLAM 框架的 Gmapping 算法[115]，该方法相对计算量较少，地图精度较高。如图 6-4 所示，采用激光雷达、惯性测量单元与里程计的感知数据来实时构建室内环境地图；环境地图建立完成后，机器人运动底盘负责执行运动指令，可根据实时位姿数据和地图信息进行导航定位，同时根据指令进行路径规划和运动执行。为了提高定位和建图精度，在局部路径规划中还可通过里程数据和激光数据进行校正更新。

3）运动控制

机器人底盘运动控制系统包含硬件控制器和控制策略算法。硬件部分包括电机、编码器、计数器、电机驱动器和底盘控制器。编码器集成在直流电机中，电机驱动器、底盘控制器与计数器集成在底盘控制板。采用 PID（proportional-integral-

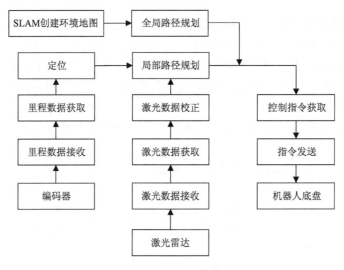

图 6-4　机器人导航

differential）控制算法实现移动机器人驱动控制，算法结构如图 6-5 所示：首先，当机器人运动控制系统接收到上位机发送的指令后（线速度和角速度），设计的控制器根据机器人的运动学模型进行指令解析，即轮式移动机器人的整体运动线速度和角速度转换为每个驱动轮转动的角速度期望值；其次，根据车轮编码器的角速度反馈信号与车轮转动的期望角速度信号之间的偏差（通过比较器计算出偏差信号来形成闭环），PID 控制器可进行车轮驱动电机的脉冲宽度调制（pulse width modulation，PWM）的控制律调节；最后，车轮的电机驱动器将该 PWM 信号转换成相应的电压值，进而实现当前期望角速度的电机控制。

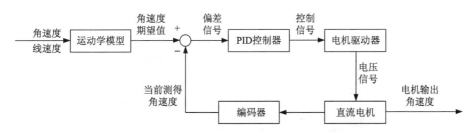

图 6-5　移动机器人运动控制系统框图

6.2.2　地面污迹感知系统

针对地面污迹识别任务的环境感知系统主要由嗅觉信息与视觉信息的收集传感器、数据传输的通信模块以及进行计算的服务器组成。摄像头的输出数据为数字量可直接进行存储，但气体传感器阵列在进行高频采样时的输出形式通常为模拟量,因此对应的信息采集模块需要由 A/D 功能进行模拟量到数字量的转换。为更清晰地展现所提出方法的完整结构,实验搭建的视嗅系统硬件将独立于机器人本体外进行开发。本节视觉模块将直接与移动计算机连接进行数据传输和存储,嗅觉模块信号将在经过 ESP32 转换后进行传输。采集到的信息将通过本地局域网上传至高性能服务器以进行计算。服务器在计算完毕后,将根据模型输出结果对底盘控制器下发指令。地面污迹感知系统硬件整体结构如图 6-6 所示。

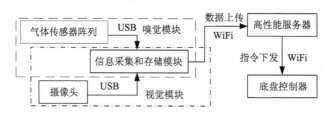

图 6-6　地面污迹感知系统硬件结构

1. 嗅觉模块

电子鼻是一种模拟生物嗅觉工作原理的检测设备,其主体包括信息采集模块与信息处理模块。信息采集模块通过性能彼此重叠的多个气敏传感器组成阵列,其响应将在经过处理后传输至信息处理模块。信息处理模块利用搭载的模式识别算法,通过特征提取技术将研究对象的成分的浓度值转换为感官评定指标,输出定性定量的分析结果。其系统结构如图 6-7 所示。

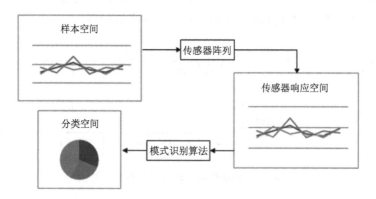

图 6-7　电子鼻模型

本节选取慧闻科技 MMD1005 乙醇传感器与多气体感应模组 MMD3005 作为信号采集设备,传感器阵列响应包括温度、湿度、氨气(NH_3)、总挥发性有机物(TVOC)、硫化氢(H_2S)和酒精(C_2H_6O)。ESP32 作为 A/D 设备,将通过 USB

传输方式将数据上传至信息存储模块。

2. 视觉模块

彩色相机用于获取图像信息，本节选取金乾象 USB 摄像头 KS4A986，镜头传感器 OV4689 的可视角度为 70°，其分辨率与帧率可调，选取参数为分辨率 1920×1080、帧率 60fps。摄像头的安装位置与角度，需要同时考虑预瞄距离与清晰度。摄像头的视野范围与摄像头的安装高度 h 有关。在固定的俯仰角下，视野范围将随摄像头安装高度增大，机器人的预瞄距离也随之增大，有利于提前感知。但是，过高的安装高度将影响成像清晰度。设摄像机中心光轴与道路水平面的俯仰角为 ϕ，摄像机的预瞄距离 d 定义为摄像机照到地面上的最远点到摄像机镜头在地面上的垂直投影点之间的水平距离。例如，纯水等地面污迹的轮廓和颜色不明显，但其通常对光的折射率与地面存在较大差异，因此，摄像头的姿态设置需要保证其镜头可多次与污迹和光源呈特殊夹角，以增强拍摄到的污迹图像的外观信息。根据测试，当安装高度 h 为 36cm，预瞄距离 d 为 80cm 时，可以取得较佳的成像效果，如图 6-8 所示，此时 ϕ 约为 57°。

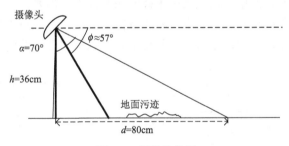

图 6-8　摄像头位置

3. 通信模块

在整个机器人系统中，参与逻辑控制的主要通信模块分为四部分：机器人内部通信 A，即底盘驱动板和搭载 ROS 的控制板之间的通信，以串口方式传输；传感器设备与数据存储设备 B，以 USB 进行传输；机器人内部与服务器通信 C，主要用于机器人状态收集与服务器指令发布；移动计算机与服务器间的通信 D，用于将收集到的数据上传至服务器，服务器将进行模型训练以及实时计算。通信 C、D 均将通过由路由器搭建的无线网络进行传输。收集的数据将根据摄像头与气体传感器数据到达存储模块的时间戳对齐。通信 A、B 延迟可忽略，通信 C 与通信 D 延迟分别约为 8ms 与 5ms。

6.3 基于移动机器人的视嗅融合感知方法研究

6.3.1 多模态融合方法

1. 决策融合

决策融合是信息融合的最高阶段，可以凭少量参数完成大量信息的融合。本节参照了 Stacking 算法[116]结构（图 6-9）进行了网络的设计。Stacking 算法即堆叠融合法，也称为多层融合模型，第一层的多个不同子模型输出将作为第二层模型的特征，第二层对于第一层的输出进行再训练。其中第一层称为初级学习器，第二层模型称为次级学习器，也称为 super model。Super model 的作用是学习第一层各个初级学习器所给出的特征，并根据子模型的输出给子模型不同的权重。因此，即便单个模型表现不佳，super model 将通过权重的再平衡减少该单个模型对最终结果的影响。由于不同的模型对相同的特征分配不同的权重，第二层的融合模型对每个原始变量都有更充分的理解，两层模型往往优于第一层的单个子模型，这也表明多模型融合比单一模型具有更好的预测能力。但是决策融合由于融合层次过高，并不充分参与各个初级学习器的特征提取阶段，难以引导子模型间进行更充分的信息融合，因此，本节将引入特征融合以获得更充分的语义信息。

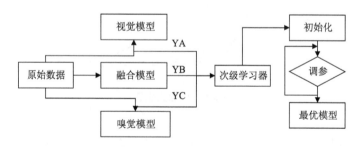

图 6-9　Stacking 算法结构

YA 表示第一个初级学习器（视觉模型）的输出，YB 表示第二个初级学习器（融合模型）的输出，
YC 表示第三个初级学习器（嗅觉模型）的输出

2. 特征融合

特征融合[117]根据其特征提取的阶段分为前融合和后融合。前融合是指先将特征融合后再输出模型，在特征提取阶段对于网络内部某些层进行如加法（add）、拼接（concat）等操作，然后再基于获得的特征训练分类器。后融合的目的主要是将低层的高分辨率信息和高层更强的语义信息进行结合，主要方式包括：①特征不直接融合，应用多个尺度的特征分别进行预测，对预测结果进行融合；②对

不同尺度的特征进行融合，令高层语义信息包含更多细节特征。特征融合对于多尺度和多模态等情况均有相当的表现效果。需要注意的是，特征融合方法应用于不同模态的信息时，低层特征信息间差异较大，直接进行特征融合将由于其语义空间距离过大，无法获得稳定的特征，严重的将导致模型无法收敛。因此，不同模态间的特征融合通常在特征抽取到一定层次后，在较为高级的语义空间进行。

利用卷积神经网络可以灵活地把各个层次的特征图进行拼接或多尺度信息融合等操作，包括将原本的不同模态特征变为同特征图的不同通道，方便进行信息间联系的提取。同时，卷积神经网络可以通过映射的方式，拉近原本距离较远的特征空间。本节所提出的视嗅融合方法，是基于利用嗅觉信息对视觉信息进行补充的方法，因此本节将对视觉信息和嗅觉信息分别进行特征提取，通过不同模态间同等大小的特征层的叠加获取融合特征信息。

如图 6-10 所示为多模态特征融合网络的架构，其中包括视觉信息和嗅觉信息的融合过程。首先，视觉信息和嗅觉信息分别通过两个卷积神经网络（CNN）进行特征提取，输出对应的特征图。在前融合阶段，这些特征图通过 add 操作（逐元素相加）或 concat 操作（在某一维度拼接）进行融合，得到一个融合后的特征图。然后，这些融合后的特征图经过后续的卷积层或全连接层，进一步提取和处理特征。在后融合阶段，处理后的特征图或向量被送入分类器（如 Softmax 激活层）进行分类，或送入回归模型进行预测，最终输出模型的预测结果。通过这种前融合和后融合的方式，将视觉信息和嗅觉信息有效结合，提升了模型的性能和预测能力。

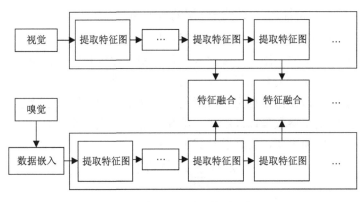

图 6-10　特征融合

6.3.2　图像分支特征提取方法

卷积神经网络是一种前馈神经网络，由于其具备平移不变性，被广泛应用于图像识别领域。卷积神经网络通过神经元进行信息的接收与非线性变换等操作。不同层间神经元所建立的局部连接关系，使网络在层次加深时实现了全局信息的感知，且由于连接的稀疏性，卷积神经网络相对人工神经网络节约了大量计算。一个基本的神经网络通常由卷积层、激活函数、池化层、全连接层组成。如图 6-11 所示，不同网络层按照逻辑有顺序地堆叠便可以搭建一个完整的卷积神经网络。

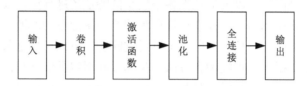

图 6-11　标准卷积结构

　　输入层不进行数据运算等操作，在目前流行的深度学习框架下，输入层通常仅进行数据类型的改变，如由数组转化为张量以支持框架的运算。

　　卷积层主要用来完成特征提取的任务，也是卷积神经网络的核心组成部分，大部分的复杂运算由此层进行。卷积层通过构建的多个卷积核进行滑动窗口的计算和显著特征的提取。卷积核的不同参数将使它对不同的特定特征敏感，从而保留较多的细节特征。原始特征通过卷积核被映射至特征空间，即卷积将把数据存储至特征图中。卷积的计算公式如下：

$$Z^l = \sum_{i \in M_j} Z_i^{l-1} * K_i^l + b_i^l \tag{6-1}$$

式中，M_j 为输入的特征层；Z^l 为第 l 层的特征图；i 为卷积核大小；* 为通过卷积核 K 进行的卷积操作；b 为贝叶斯偏置参数。

　　池化层的作用主要是用于压缩输入的特征图参数以降低计算成本。该层操作主要通过非线性的映射关系在保留主要特征的同时进行降维操作，其滤波方式为利用一定大小的窗口在原数据上进行滑动，并从中进行采样。池化层通过这种非线性采样大大降低了参数量以及噪声。池化的运算公式与卷积类似，不过是令卷积核参数由不变转为可变，其计算公式如下：

$$Z^l = \sum_{i \in M_j} Z_i^{l-1} * VK_i^l \tag{6-2}$$

式中，M_j 为输入的特征层；Z^l 为第 l 层的特征图；i 为卷积核大小；* 为通过卷积核 VK 进行的池化操作，VK 将由实际池化需求改变，如取最大池化时，卷积核将仅取范围内最大值作为输出。

　　激活层用于将神经元映射至输出端。最初始的感知机利用线性函数对目标函数进行逼近，但线性函数的限制导致其逼近能力有限。引入的激活函数由于其非线性特征将可以进行几乎任意函数的逼近。目前常见的激活函数有如 Sigmoid、tanh、ReLU 等。

全连接层的作用是将上述操作所获得的分布式特征表示映射到样本标记空间，进行全局信息的整合。在多分类任务中，最后的全连接层通常与 Softmax 激活函数结合使用。Softmax 激活函数一般认为是二分类（逻辑回归 Sigmoid 函数）的扩展，通过将输出为两个节点的二分类问题推广成拥有多个输出节点的多分类问题，在全连接层将各个输出映射至（0,1）范围内，并且约束各个输出节点的输出值的和为 1，其计算公式为

$$P(S_i) = \frac{e^{z_i}}{\sum\limits_{j}^{n} e^{z_j}} \tag{6-3}$$

式中，z_i 为第 i 个神经元的输入；z_j 为第 j 个神经元的输入；n 为网络结构维度。

随着如移动机器人等智能设备的普及，人们对于神经网络的评估标准不再局限于准确率，针对模型的速度也提出了相应的要求。然而移动设备存在的存储空间和功耗限制，使得神经网络模型迁移至移动设备具有极大挑战。轻量化神经网络模型通过设计更高效的网络计算方式，以保证在不损失网络性能的情况下，减少网络参数，从而实现在计算力较低的设备上进行实时运算的可能性。其中 MobileNet[118-120]系列凭借其优异表现，已经成为被大量应用的骨干网络。

1. MobileNet

首次被提出的 MobileNet 的主要贡献在于其主干网络中利用深度可分离卷积代替了标准卷积，在保证获得的特征图有效的同时减少了参数量与计算量。深度可分离卷积主要包括逐点卷积和逐深度卷积两种方式（图 6-12）。逐点卷积即为

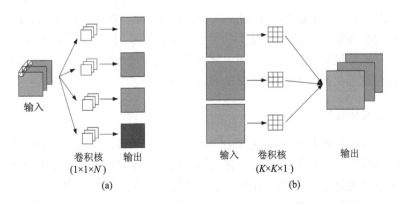

图 6-12　（a）逐点卷积和（b）逐深度卷积

1×1 卷积，可以对特征图进行升维和降维操作，并且该操作将融合通道间的信息；逐深度卷积则是将卷积核拆分成为单个的通道，然后对每个通道的特征图分别进行卷积操作，进而可获得与输入特征通道数一致的输出特征图。

针对形状为宽×高×通道数（width×height×channel）的输入，在想要得到 k 个特征图的情况，假设标准卷积的参数量为 N_s，深度可分离卷积的参数量为 N_d，可以得到如下所示的比率：

$$\frac{N_d}{N_s} = \frac{\text{width} \times \text{height} \times \text{channel} + 1 \times 1 \times \text{channel} \times k}{\text{width} \times \text{height} \times \text{channel} \times k} = \frac{1}{k} + \frac{1}{\text{width} \times \text{height}} \quad (6\text{-}4)$$

2. MobileNetv2

在神经网络层数不断加深的情况下，MobileNet 同样也遇到梯度消失的问题，尤其是在深度可分离卷积部分，由于本身卷积核较小，经过多层卷积和激活函数后，大量有效参数将消失。MobileNetv2 参考 ResNet 中应用的 shortcut 连接结构，搭建了如图 6-13 所示纺锤形的倒残差块（inverted residual block）以缓解梯度消失的问题。

图 6-13　MobileNetv2 倒残差结构

纺锤形两端分别为膨胀层和投影层结构。膨胀层将低维空间信息利用 1×1 卷积操作映射到高维空间。这是由于高维空间内特征相对较多，纺锤形内部进行的 3×3 深度卷积、批量规范化（batch normalization，BN）和激活函数等操作在进行特征提取与映射时将损失较少的信息。投影层采用 1×1 卷积恢复通道数量，目的是将高维特征映射到低维空间，降低参数量并增加特征信息，获得的输出将在通过批量规范化操作后与该模块的输入进行相加。

3. MobileNetv3

MobileNetv3 的结构变化主要在于引入了 Squeeze-and-Excitation Networks（SE-Net）结构[121]。该结构显式地将网络不同特征层之间的关系进行了建模，对每个通道进行池化后，利用全连接层获取其权重，从而对不同特征层进行提升或抑制。同时为了更佳的性能，将部分激活函数由 ReLU6 替换为 h-swish。同时 Hu 等[121]利用 NetAdapt 获得较佳参数，并根据不同需求公开了 MobileNetv3-large 和

MobileNetv3-small 两个模型。

6.3.3　气体分支特征提取方法

气体分支特征的数据来源为传感器阵列，所获得的输出数据为传感器的响应标量，因此数据不满足卷积神经网络的输入要求。为实现通过卷积神经网络进行特征提取与融合的目的，数据在进行特征提取之前需要进行维度的变换。本节列举三种常见的从一维数据转变为二维数据所采用的编码方式，并将在实验部分进行测试选择。同时，本节将对气体分支的特征提取网络进行概述。

1. 数据编码方法

（1）人工设计法。在 Transformer[122]模型中，由于 Transformer 是直接提取全局信息特征，因此不具备如 RNN 和 CNN 等对空间或时间信息直接进行编码的能力。针对数据需要位置信息，现行方法中引入一个表示位置信息的向量，目前采用的方法是人工设计法。

$$PE_{(pos,2i)} = \sin\left(\frac{pos}{10000^{\frac{2i}{512}}}\right) \tag{6-5}$$

$$PE_{(pos,2i+1)} = \cos\left(\frac{pos}{10000^{\frac{2i}{512}}}\right) \tag{6-6}$$

其中，PE 为 positional embedding，即位置编码；pos 为 token 在序列中的排序；$2i$ 与 $2i+1$ 为数据的维度。由于本节采用卷积神经网络方法，因此对应采取的方法可通过增加一个通道，每个像素的值与当前位置相对应，该通道将表述原气体传感器信息的映射。通过人工设计法，将原本的数据映射为一个矩阵，矩阵大小将根据图像特征图决定。这将在较低参数量的情况下完成位置编码。但是该方法对不同特征融合层融合时需要重复进行，并且可能需要花费大量时间进行参数调整。

（2）神经元映射法。由于传感器数据本身就具备固定的顺序，因此可以通过设计一层网络将输入直接映射为多个可学习的神经元。在实现神经元数量与所需要的总像素数量一致后，通过固定的变形逻辑，将尺寸也变为相同。该方法的具体操作如图 6-14 所示，可以借助 1×1 卷积进行维度扩张或者采用全连接的方式生成多个神经元。该方法优势在于，当原数据维度不一致时无须重新设计矩阵，且易于实现，但是当原数据较为复杂或所需扩展尺寸过大时，模型参数量将明显增高。

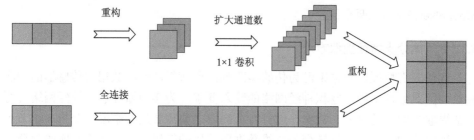

图 6-14　神经元映射法

（3）格拉姆角场[123]（Gramian angular field，GAF）在基于卷积神经网络的应用中是一种常见的数据处理方法。格拉姆角场的原理是将缩放后的一维序列数据从直角坐标系统转换到极坐标系统，然后通过考虑不同点之间的角度和或差以识别不同时间点的时间相关性。其实现方法可根据角度做和或角度做差分为对应做角度和（GASF）和对应做角度差（GADF）。格拉姆角场实现效果见图 6-15。

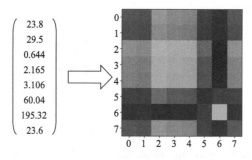

图 6-15　格拉姆角场

2. 气体分支特征提取网络

在完成数据编码后，气体信息将进入特征提取阶段。但由于气体信息数据维度较低，直接利用与图像一致的网络结构将极大浪费设备算力，因此本节将考虑建造两个网络对气体信息进行处理。

1）气体分支单一模态决策网络

低维数据在经过复杂的网络结构时通常会造成神经元大量失活，甚至过拟合，因此本节将选择构建一个与视觉模型相比极为精简的 ACNN[124]（图 6-16）作为气体决策网络，这将使模型的复杂度降低。Feng 等[124]研究结果中显示，当气体传感器响应多达 108 个通道时仍然具备良好的分类性能。

2）气体分支特征图输出网络

为进行特征融合，气体分支需要不断输出特征图与图像特征图进行拼接作为融合分支的输入，因此该网络将参考图像网络类似的结构以保证输出大小的一致。

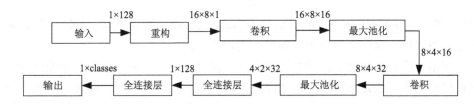

图 6-16　原始 ACNN 结构

乘式表示高×宽×通道数,1×classes 表示模型的输出是一个包含所有类别的预测向量。每个元素对应一个类别的预测得分或概率

但气体信息本身维度较低,将其数据扩展过多将牺牲速度,且过深的网络将抑制低频特征,因此将仅选取在图像网络的最后部分层数进行融合操作。需要注意的是,当模型仅在较高层次进行特征融合时,虽然将有效减少参数量,但无法保证语义信息量。融合层位置和特征图输出网络的层数选择将影响参数量与精度。气体分支特征图输出网络的起始层和层数将在实验部分进行对比测试。

气体网络的最终输出结果,将由气体单一模态决策网络的输出与进行特征图输出网络的最终结果相加组成。整个网络可以视为一个残差结构,在利用复杂网络提取更细节特征的同时,缓解气体单一模态信息产生的梯度消失等问题。完整的气体分支特征提取网络如图 6-17 所示,两分支获得的结果将输出至第二层决策网络参与决策融合。

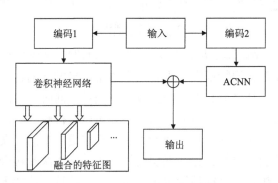

图 6-17　气体分支特征提取网络

6.3.4　视嗅融合感知模型

本节对视嗅融合感知模型的关键技术进行进一步的深入解释,主要包括模型具体结构、改进的特征提取网络和基于通道信息量指标的模型压缩方法。

1. 基于嗅觉信息增强视觉的融合感知模型

本节提出的地面污迹感知方法,通过所搭建的双层结构深度神经网络视觉-

嗅觉网络（vision-olfaction network，VO-Net）对视嗅信息进行特征提取、信息融合与决策输出，以实现地面污迹细粒度识别能力。

在本节所提出方法中，除位置信息外，视觉与嗅觉两种模态对于地面污迹所提供的信息量应该是均等的，因此在整体网络中它们被视为同一层级。两者在经过各自的卷积神经网络进行特征提取的过程中，获得高级语义的同时将失去大量低级特征，且神经网络反馈的结果仅基于每个单独分支输出的少量神经元，使得提取的特征将不具备模态细节特征间的相关性，这也使得网络的参数无法充分学习到两者的共有特征。为使模型输出结果包含更多细节特征，多模态方法可以通过语义融合进行信息的补充。融合信息将与视觉与嗅觉信息放置于同一层级进行特征提取，这也构成了双层网络中第一层的三个分支。融合信息分支每一层的信息来源除同层的视觉与嗅觉特征拼接外，也包括其上一层经过卷积等操作获得的输出。设当标签为 label 时的第 n 次实验的第 m 个时刻的输入的信息为 $\left[\text{image}_{n,m}^{\text{label}}, \text{gas}_{n,m}^{\text{label}}\right]$，$D_{\text{out}}$ 为输出的结果，*表示包含融合信息 fusion、视觉信息 image、嗅觉信息 gas，encode 表示对气体的编码方法，$\text{CNN}_{i,j}^l$ 表示由卷积神经网络提取的第 l 层特征图且其输出大小为 $i \times j$，主要计算方法如以下公式所示：

$$\text{fusion}_j^1 = \text{Concat}\left[\text{CNN}_{i,j}^{l1}(\text{image}), \text{CNN}_{i,j}^{l1}(\text{encode}(\text{gas}))\right] \quad (6\text{-}7)$$

$$\text{fusion}_j^k = \text{Concat}\left[\text{CNN}_{i,j}^{l2}(\text{image}), \text{CNN}_{i,j}^{l2}(\text{gas}), \text{CNN}_{i,j}^{k-1}(\text{fusion}_j^{k-1})\right] \quad (6\text{-}8)$$

$$D_{\text{out}} = \text{FL}(*_{n,m}^{\text{label}}) \quad (6\text{-}9)$$

其中，FL 为双层网络的第一层；Concat 为通道间的拼接操作；D_{out} 为第一层网络的总输出；k 为第 k 层特征图。需要注意的是，当融合的特征层次过低时，其聚合向量会使异质特征之间相关性的提取变得困难，同时过多的噪声也将导致模态间信息无法获得有效映射，从而导致神经元难以获得较佳解，模型难以收敛。合适的融合层次可以在保证模型收敛的同时，获取更丰富的语义信息。因此，将在实验部分对融合层次进行讨论。双层网络的第二层为决策融合网络，该部分将利用第一层的输出进行再平衡后输出预测结果，其计算方法如下所示：

$$\text{Output} = \text{Net}\left[\text{Concatenate}(D_{\text{vision}}, D_{\text{olfaction}}, D_{\text{fusion}})\right] \quad (6\text{-}10)$$

其中，D_{vision} 为 D_{out} 中视觉分支的输出结果；$D_{\text{olfaction}}$ 为 D_{out} 中气体分支的输出结果；D_{fusion} 为 D_{out} 中融合分支的输出结果；Concatenate 为对输入的拼接操作；Net 为决策网络。输入双层网络中的第二层可以根据实际的数据复杂度选择不同分类算法。本节将使用多层感知机作为决策网络。本节提出的双层结构深度神经网络视觉-嗅觉网络完整结构如图 6-18 所示。

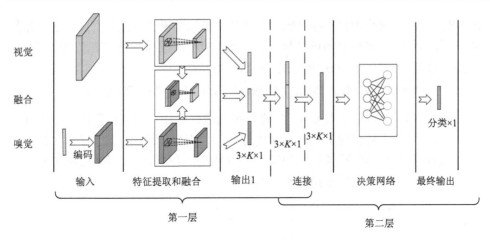

图 6-18　VO-Net 结构

乘式表示高×宽×通道数

网络的第一部分包括数据输入、变形、特征提取以及特征融合，嗅觉信息、视觉信息、融合信息三分支分别进行了输出，该部分的输出在进行合并后将作为第二部分网络的输入。第二部分的决策网络采用多层感知机对来自不同模态和模型的数据重新分配权重，从而获取最终识别结果。

2. 基于注意力机制改进的特征提取网络

融合信息分支来自不同特征空间，其中大量特征之间隐含关联；同时，来自不同特征空间的语义信息将导致该分支特征复杂度较高。因此，为获取更高效的特征，本节对融合信息分支骨干网络进行了基于注意力机制的改进，提出AMobileNet（Attention MobileNet）。

MobileNetv3 网络中的通道注意力模块 SE-Net，是一种典型的通道注意力机制结构，采用的聚合策略是通过全局平均池化将整个空间特征编码为一个全局特征，大量特征信息在池化操作中被丢失。Woo 等[125]提出一种新型的注意力机制模块，即卷积块注意力模块（convolutional block attention module，CBAM），该方法对以往的通道注意力机制与空间注意力机制进行了优化。该方法中通过增加最大池化信息的方法获取更多的通道间语义信息，同时为了控制参数量，在通道注意力模块中对全局平均池化与全局最大池化两个输出单独进行了基于双层多重感知机的权重调整后直接相加，这将极大地限制两个池化输出间的信息共享。原文方法利用公开的模型权重进行迁移学习，未大量调整网络结构，造成了参数的冗余，因此设置了一个值为 16 的缩小比例减少参数量，即将输入通道数量缩减至1/16。然而，神经元数量的减少，将极大制约神经网络的拟合能力。本节的方法中将把两个池化操作的输出经过比例为 2 的通道压缩操作后进行拼接，并在此基础上额外增加一个多重感知机对两个池化操作的输出进行参数共享，同时完成数据输出维度的调整，如图 6-19 与式（6-11）所示：

$$Output = \delta\left\{MLP_a\left[MLP_b(AvgPool(F)) + MLP_c(MaxPool(F))\right]\right\} \qquad (6-11)$$

其中，AvgPool 为对输入特征图 F 进行平均池化操作，得到特征图的平均值；MaxPool 为对输入特征图 F 进行最大池化操作，得到特征图的最大值；δ 为一个激活函数；F 为输入的特征层；MLP_b 和 MLP_c 用于提取权重；MLP_a 对全局最大池化与平均池化获取的特征进行参数共享。

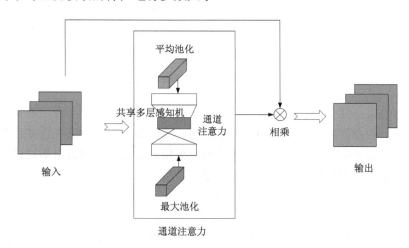

图 6-19　通道注意力模块

空间注意力机制将使卷积神经网络更加注重于目标本身信息如位置、大小、颜色等。卷积和池化等操作都可以提取当前特征图的注意力点，考虑到特征梯度消失以及特征分布的不平衡，池化层将可以通过以丢失部分细节为代价，获得更少的计算量和更为平滑的特征空间分布。空间注意力模块将利用最大池化与平均池化进行连接，然后通过合适大小的卷积核以获得特征的空间分布权重，其计算过程如式（6-12）所示：

$$Output = \delta\left\{\sum_{i=1}^{m}\sum_{j=1}^{n}f_k\left[MaxPool(X) + AvgPool(X)\right]\right\} \qquad (6-12)$$

其中，δ 为包括激活函数 Sigmoid 或批量规范化等操作；X 为输入的特征层；$f_k[\cdot]$ 为以大小为 k 的卷积核进行池化操作。Canhoto 和 Magan[62]研究结果显示，尺寸为 7 的卷积核将以较少的参数量增加为代价取得较佳的效果。由于神经网络中并行结构通常具备较低的延迟，因此该模块将空间注意力机制与逐点卷积进行了并联的设计，如图 6-20 所示。完整的网络结构与 MobileNetv3 一致，如表 6-1 所示。

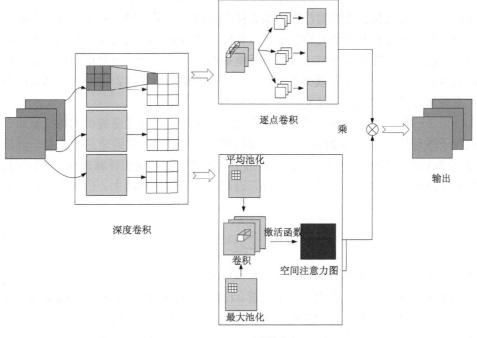

图 6-20　嵌入空间注意力机制的深度卷积

表 6-1　**Attention MobileNet 网络结构**

操作层编号	输入大小	输出通道数	操作层编号	输入大小	输出通道数
1	2242×3	16	9	142×48	48
2	1122×3	16	10	142×48	96
3	562×16	24	11	72×96	96
4	282×24	24	12	72×96	96
5	282×24	40	13	72×96	576
6	142×40	40	14	72×576	—
7	142×40	40	15	12×576	1024
8	142×40	48	16	1×1024	K（类别数量）

3. 基于通道信息量指标的模型压缩方法

本节所提出的视嗅融合方法和特征网络改进方法，将造成参数量的上升。由于移动终端资源有限，为进一步优化网络实时性能，本节将对模型压缩方法进行研究，以期减少参数量，并提升模型效率。

当前针对卷积神经网络的模型压缩技术主要包括参数剪枝、低秩分解、知识蒸馏以及参数量化。参数剪枝作为最直接有效的方法又可以根据细粒度分为通道剪枝、神经元剪枝和神经元连接剪枝。神经元剪枝和神经元连接剪枝属于细粒度剪枝方法，需要在具备加稀疏模型计算框架的平台上进行，因此适用性较低，针对大多数平台而言，仅仅减少了参数量，无法加速模型计算。因此本节将选择粗粒度裁剪方式，即通过剪枝实现模型的压缩。

如 Li 等[126]文中所述，通道剪枝方法一般是通过对各通道提供的特征量即影响因子进行排序（图 6-21），然后按照裁剪率对影响较小的通道进行裁剪，并通过重训练以恢复准确率。李广立[127]提出了一种通道信息量的计算方法。已知信息量和信息熵呈正相关，信息熵越大时，通道隐含的信息量越大，信息熵的计算公式为

$$H = -\sum_{i=1}^{n} p_i \log(p_i) \tag{6-13}$$

式中，p_i 为结果是 i 时的输出概率；n 为每层的神经元总数。本节所述方法中将利用池化计算每层每个通道的输出向量。设每层的输出特征图大小为 $c \times k \times h$，其中 c、k、h 分别代表特征图的通道数、卷积核的长度和卷积核的高度。对于获得的特征图利用平均池化操作获得大小为 $1 \times c$ 的一维向量，即每通道具备一个单独的值，通过原始数据的 N 个样本对每层均进行此操作，将获得矩阵 $M_{(N,j)}$，其中 j 为指定的通道标识（id）。矩阵 $M_{(N,j)}$ 代表利用所有样本进行特征提取，在当前层 j 通道获得的输出构成一维矩阵。每通道的信息量计算公式如下：

$$H_j = -\sum_{i=1}^{N} \frac{\text{count}(x_i \in R_t)}{N} \log\left(\frac{\text{count}(x_i \in R_t)}{N}\right) \tag{6-14}$$

式中，R_t 为在该通道内根据一定规则所划取的第 t 个范围；$\text{count}(x_i \in R_t)$ 为对样本进行特征提取时在 j 层时落于范围 R_t 内的总数。

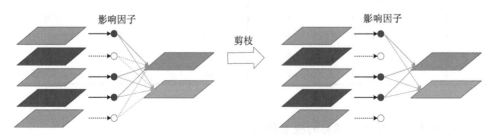

图 6-21　通道剪枝

6.4　机器人视嗅融合地面污迹识别应用实验

为证明本章提出的视嗅融合感知方法的有效性，本章利用感知网络进行模型的训练。通过训练好的模型与相关方法进行基于数据集的准确率对比，以及所构建环境内的机器人动态测试，评估模型方法表现。

6.4.1　数据集与评价指标

1. 数据集

数据集包括洁净地面与五类地面污迹：纯水、酒精、可乐、咖啡和醋。各类型数据的关键物理性质以及可通行性如表 6-2 所示。为保证数据的一致性，数据采集过程将遵循如下步骤：①设置地面污迹；②将机器人移动到距离污渍 3.1m 左右的位置，等待 30s；③控制机器人以 30cm/s 的速度向地面污渍移动，距离地面污渍 10cm 时停止。摄像机和气体传感器的采样频率分别为 60 次/s 和 1000 次/s。时间戳根据收集完成并到达笔记本的时间进行对齐，捕获的图像如图 6-22 所示，所采集到的气体数据将在气体预处理部分展示。

表 6-2　地面污迹及其部分特征

污迹	外观	特殊气味	可通过性
无（None）	无	无	可通行
纯水（Water）	无色透明，有边框	无	可通行
酒精（Alcohol）	与纯水一致	是，浓	不可通行
可乐（Coke）	淡红	无	不可通行
咖啡（Coffee）	与可乐类似	是，淡	可通行
醋（Vinegar）	赤红	是，浓	不可通行

2. 评价指标

本章将分为两部分对于该方法的地面污迹识别能力进行评估。第一部分为静态测试，在原数据集的基础上，针对目前相关方法以准确率（accuracy）作为评估标准进行模型的表现比较。第二部分为动态测试，测试中将令机器人对不可通行污迹进行避障动作，对可通行污迹直接通过。动态测试中，将以机器人面对环境中设置的地面污迹的成功操作次数作为评估指标。

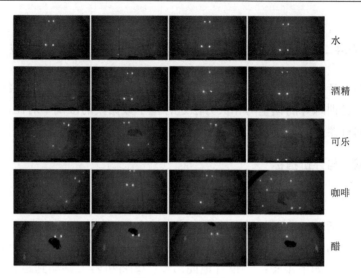

图 6-22　图像样本

6.4.2　数据预处理与气体特征选择

1. 图像数据预处理

由于气体的扩散性质,必然存在图像内无污迹但气体传感器存在响应的情况。为保证模型输出的稳定性,如表 6-3 对标签设置进行约束,并在此基础上进行数据的筛选和预处理。

表 6-3　标签划分

类别	气体传感器有响应	气体传感器无响应
图像中包含污迹	污迹类型	污迹类型
图像中无污迹	无	无

地面污点图像特征主要由颜色和不规则边界组成,本节将对图像进行筛选。图像的大小将被统一调整为 224×224 以满足网络输入条件。为使训练曲线更为平滑,图像数据增强手段将被应用,如剪切、翻转、平移等。除边缘、颜色等信息外,位置信息通常也是卷积神经网络将提取的重要特征信息,为保证边缘清晰,且受环境影响较低,地面污迹在图像中的位置范围将被约束。图像将被分为 5×5个格子,当地面污迹占用范围较少,位于虚线框范围外的图像,将被标记为无污迹(图 6-23)。当污迹与虚线产生接触或处于范围内时该图像的标签为当前污迹名,如图 6-23 所示。最终获取图像共 20000 张,包括标签为无的图像 5000 张以及其他 5 类污迹图像各 3000 张,占用存储空间约 0.8GB。

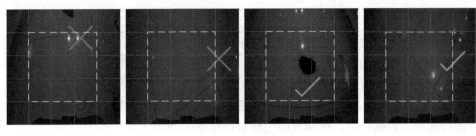

图 6-23　图像筛选

2. 气体数据预处理与特征选择

实际气体等距截面的扩散范围和气体分子数受环境影响较大，气体羽流内部分子的随机扩散运动和风引起的湍流扩散，导致时空尺度上的气体扩散将是非线性的，开放环境下的气体传感器响应数据将显示强烈的波动性，这是目前阶段无法解决的难点，因此将气体浓度作为唯一特征指标是不可靠的。同时，液体具有的挥发性将使其气体浓度随时间产生较大波动，这一现象也支撑了浓度不适合作为唯一特征的观点。但是在气体传播期间，分子间通常成团扩散，这将使多个紧凑的气体传感器同时接触同一气团，获得较为类似的响应曲线，这使得利用气体浓度间的比例作为实验的稳定特征具有可能性。本节将以传感器对醋的响应数据为例，介绍对气体原始信号数据进行的滤波操作，同时证明以浓度比例作为数据特征的有效性。

气体传感器采样频率为 1000 次/s，相较图像数据存在大量冗余，因此通过步长为 5 的最大值滤波器可以在保留足够样本的情况下有效降低响应的波动程度。如图 6-24 所示，是经过最大值滤波处理的 TVOC 传感器响应信号变化过程，可以看出当机器人距离污迹对象较远时，传感器的响应较低且随着机器人的运动数据波动极大。同时当采样次数达到约第 1500 次时，获得相对平缓的信号数据，时间戳的图像样本如图 6-24 中所示。

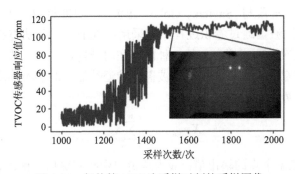

图 6-24　气体第 1500 次采样时刻的采样图像

由图 6-24 可知，污迹仅在图像顶端出现小部分，根据 6.4.2 中的图像筛选方法，该时间戳之前的图像必定不符合要求。实际收集过程中，传感器对于醋所散发的气体敏感度较高，传感器响应较为明显，其余除酒精以外的污迹产生的气体浓度均较低，气体传感器响应样本均在第 1500 次到第 1800 次采样时间戳获得较为稳定的曲线。舍去第 1500 次采样时间戳之前的图像与气体数据，以保证所采集到的污迹样本数据稳定，所保留的气体数据见图 6-25。

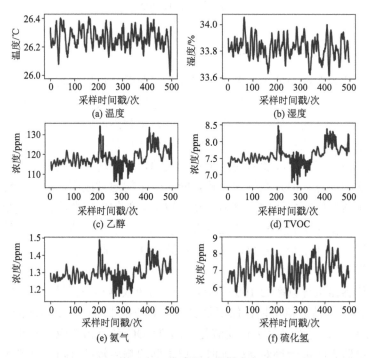

图 6-25　传感器响应样本

图 6-25 显示，数据波动仍然较大，为保证气体波形平缓使特征稳定，选择再一次用最大值滤波器与 Savitzky-Golay 滤波器[128]进行进一步的滤波操作。Savitzky-Golay 滤波器通过卷积过程，即采用线性最小二乘法将相邻数据点的连续子集与一个低次多项式拟合，是一种能够在时域内、在同一段曲线上、在任意位置任意选取窗宽以满足不同平滑滤波需要的滤波器，对于不同阶段的时序数据处理具有明显优势。其公式如下：

$$X_{k,\text{out}} = \frac{h_i}{H} \sum_{i=-w}^{w} x_{k+i} \tag{6-15}$$

式中，$X_{k,\text{out}}$ 为第 k 个点的输出值；w 为从窗口中心到窗口一侧的长度；x_{k+i} 为原始数据中第 $k+i$ 点的值。通过再次设置一个窗口长度为 5 的最大值滤波器和一个窗口为 5 的 Savitzky-Golay 滤波器，所得传感器信号如图 6-26 所示。

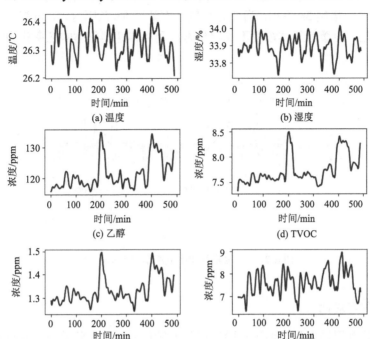

图 6-26　经过最大值滤波器与 Savitzky-Golay 滤波器后的传感器响应

可见，交叉的气体传感器响应存在类似的变化趋势，这支持了气体在扩散过程中分子间的耦合较高的观点，接下来将对其比值进行定量分析。将随机采样的 80 个数据点用于计算 4 个气体传感器之间的响应比值，为防止使用过程中出现分母为 0 以及波动过大的情况，设置了最低响应值 R_{limit}=0.1。当响应值低于 0.1 时取 1，高于 0.1 时取真实值加 1，如下式：

$$f(x) = \begin{cases} 1, & R < R_{limit} \\ 1+R, & R \geqslant R_{limit} \end{cases} \tag{6-16}$$

同时，由于数据大小差异较大，直接取比值将会得到极为明显的特征分布，符合需求。为对比值数据的稳定性进行评估，接下来为保证数据处于同一尺度且方便计算，将每组数据所得比值除以当前组平均值，使其放缩到同一尺度，并利用变异系数作为衡量标准。变异系数计算方法如下：

$$C \cdot V = \frac{\sigma}{mean} \times 100\% \tag{6-17}$$

式中，$C \cdot V$ 为变异系数，它是一个相对标准差，用来衡量数据分布的相对离散程度。具体来说，变异系数是标准差 σ 与均值 mean 的比值，用百分比表示。这使得变异系数可以比较不同量纲或不同均值的数据集的离散程度。所得结果如图 6-27 所示。根据 3σ 原理，当变异系数基本处于 5%范围内时，可视为当前数据稳定。因此，为缓解气体浓度不稳定状态，利用传感器气体响应率作为特征的方案可行。

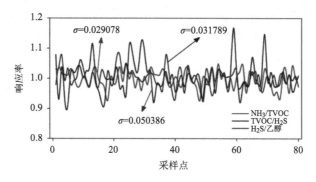

图 6-27　传感器气体响应率情况及标准差

6.4.3　实验与对比

本节将利用数据集，通过实验实现具备较佳表现的完整模型，并与相关方法进行静态的实验效果对比。然后以在实际环境中进行的动态实验，对方法的有效性和可实施性进行验证。

1. 图像单模态测试

首先将针对图像单模态进行测试。训练集和测试集的比例为 8∶2。Batch size 设定为 16，Optimizer 选择 Adam，损失函数为交叉熵损失函数。网络采用 MobileNetv3，同时也增加了 Attention MobileNet 作为对比。分类训练曲线如图 6-28 所示。由图 6-28 可得，MobileNetv3 准确率低但损失曲线总体呈下降趋势且较为平稳，并可以获得另外两点信息：①单视觉信息对地面污迹难以进行有效识别。②尽管最终准确率相近，但改进的网络训练过程中曲线较为平滑，且初始就获得了相对较好的表现，认为它具有更佳的特征提取能力。多分类任务的交叉熵损失函数公式可定义为

$$L = -\frac{1}{N}\sum_{i}L_i\sum_{c=1}^{M}y_{ic}\ln(p_{ic}) \tag{6-18}$$

式中，N 为样本总数；L_i 为第 i 个样本的损失值；M 为类别数；y_{ic} 为符号函数；p_{ic} 为观测样本 i 属于类别 c 的预测概率。当样本的类别与预测的类别相同时，c 值为 1，否则 c 值为 0。结合训练曲线平滑的特点，在尝试利用输出概率进行解释

的情况下，本节认为准确率低的情况主要是由于图像信息过于近似。因此另外进行了一组测试，如表 6-4 所示，根据实际情况以及保证视觉与嗅觉特征交叉对污迹注明标签，通过肉眼与人的嗅觉感官将地面污迹分为 4 类。利用图像网络获得的最终训练曲线如图 6-29 所示。

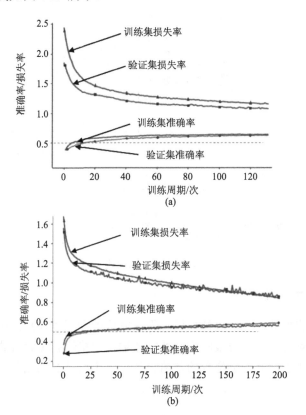

图 6-28　（a）AMobileNet 训练曲线和（b）MobileNetv3 训练曲线

表 6-4　标签设置

污迹	标签
None	1
Coffee、Coke	2
Vinegar	3
Alcohol、Water	4

图 6-29 可观察到，当外观近似的污迹归为一类时，模型获得的准确率接近 0.9，可视为有效识别。由此推测，网络特征提取功能有效，但由于语义信息不足，导致神经网络线性拟合过程中，无法区别过于接近的目标函数。因而网络

对于相近污迹的输出概率接近，出现如图 6-28 所示损失函数稳定但准确率较低的现象。

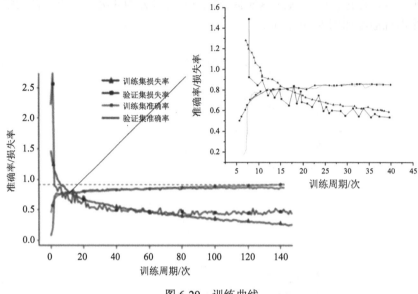

图 6-29　训练曲线

2. 气体单模态测试

由于气体的扩散运动，气体单模态无法完成地面污迹识别，因此本节将通过实验对气体分支的单模态决策网络和特征图输出网络进行编码方式的确定。

人工设计法中，对每个位置的数值设计了一个可计算的编码方式。

$$\text{Value} = \begin{bmatrix} a_0 & a_1 & a_2 \cdots a_i \cdots a_n \end{bmatrix} \tag{6-19}$$

$$\text{PE}_{(\text{pos}_x, 2i)} = \sin\left(\frac{\text{pos}_x}{10000^{\frac{2i}{128}}} \times \frac{a_i}{\sum_0^n a_i}\right) \tag{6-20}$$

$$\text{PE}_{(\text{pos}_x, 2i+1)} = \cos\left(\frac{\text{pos}_x}{10000^{\frac{2i}{128}}} \times \frac{a_i}{\sum_0^n a_i}\right) \tag{6-21}$$

$$\text{PE}_{(\text{pos}_y, 2i)} = \sin\left(\frac{\text{pos}_y}{10000^{\frac{2i}{128}}} \times \frac{a_i}{\sum_0^n a_i}\right) \tag{6-22}$$

$$PE_{(pos_y, 2i+1)} = \cos\left(\frac{pos_y}{10000^{\frac{2i}{128}}} \times \frac{a_i}{\sum\limits_0^n a_i} \right) \tag{6-23}$$

式中，$PE_{(pos_x, 2i+1)}$ 为 x 方向第 $2i+1$ 个位置的数字。

神经元映射法直接通过卷积或者全连接方式进行数据的扩张，主要参数量为
$$\text{Param} = (k+1) \times H \times W \tag{6-24}$$

式中，k 为输入维度；$H \times W$ 为所要扩张至的特征图的神经元数量。当气体的特征融合出现于神经网络初期，则所带来的参数量增长将较大，因此该方法更适合于对较小的图像特征层进行融合。该方法解释性较差，但是由于模型参数可训练，因此得到的参数分布将较有优势。

本节实验抽取了分布差异较为明显的气体样本数据：醋、酒精、咖啡以及无污迹环境，并利用 ACNN 搭建了分类模型，得到的结果如表 6-5 所示。

表 6-5　基于不同编码方式的模型表现

模型	首次准确率达到 0.9 时的迭代（epoch）/次	第 10 个 epoch 时的准确率	最高准确率	参数量/个
手工设计法	17	0.82	0.91	—
神经元映射法	10	0.91	0.96	7175
格拉姆角场	9	0.93	0.96	5799

由表 6-5 可得，格拉姆角场凭借较少的参数取得了最佳的效果；全参数可学习的神经元映射法在最高准确率中与格拉姆角场一致但收敛相对较慢，获得了第二的表现。但对于模型构建工作而言，格拉姆角场将在手工设计阶段耗费较多的时间。因此，图像分支决策输出网络利用格拉姆角场获得最佳分类输出，而特征图输出网络则直接使用神经元映射法。

3. 视嗅融合识别模型测试

为验证所提出的改进骨干网络的优化效果，并确定较佳融合层次结构。本节在以 MobileNetv3 和 AMobileNet 的不同组合进行模型的训练的同时，调整融合层次，以期获取较佳的具体模型结构。在具体的训练过程中，损失函数选择交叉熵损失函数，优化器选择随机梯度下降（SGD），学习率 Lr 设为 0.001，训练 150 个 epoch，学习衰减率为 Lr/epoch，batch size 设为 16。

根据表 6-6～表 6-8 可得：①Attention MobileNet 相比 MobileNetv3 模型获取了更佳的准确率表现，证明网络提取了更有效的特征；②全面采用 Attention

MobileNet 时，当第 11 层为融合起始层时，相比其他组合，以 10%参数量上升为代价，获得了约 1%的准确率提升。③当模型全面取 MobileNetv3，在以第 11 层为融合起始层时出现了反直觉的准确率下降，我们考虑是该层不同模态信息间差异过大，导致通道间关系难以提取有效特征，但三分支的结构使其仍保留了较佳的识别准确率。综合衡量后，选择 MobileNetv3 作为视觉信息分支骨干网络，AMobileNet 作为融合信息分支骨干网络，并以第 13 层作为特征融合的起始层。在选定网络结构后，模型压缩将以剪枝率为 0.1、0.2、0.3 和 0.4 进行，裁剪方法如 Bastos 和 Magan[63]文中所述。实验中，每次剪枝后，将进行 20 个 epoch 的模型微调训练。

表 6-6　视觉分支（MobileNetv3）与融合分支（MobileNetv3）

项目	融合层				
	16	15～16	13～16	12～16	11～16
准确率	0.84	0.84	0.85	0.85	0.84
参数量/百万个	3.0	3.7	4.5	4.6	4.6

表 6-7　视觉分支（MobileNetv3）与融合分支（AMobileNet）

项目	融合层				
	16	15～16	13～16	12～16	11～16
准确率	0.84	0.85	0.86	0.86	0.86
参数量/百万个	3.0	3.8	4.8	4.9	4.9

表 6-8　视觉分支（AMobileNet）与融合分支（AMobileNet）

项目	融合层				
	16	15～16	13～16	12～16	11～16
准确率	0.84	0.85	0.86	0.86	0.87
参数量/百万个	3.4	4.2	5.2	5.3	5.4

根据表 6-9，随着模型剪枝率的上升，其准确率不断下降，当剪枝率≤20%时，准确率损失始终控制在 0.5%以内；当模型剪枝率达 30%时，模型准确率丢失达 0.52%，仍处于较佳水平；当剪枝率达 40%时，模型准确率损失急剧增加。在以准确率为重点的综合考虑下，选择剪枝率为 30%时的模型作为最终模型，其参数压缩率为 0.753，模型总参数量为 3.6M，推理加速率约为 1.77，模型静态测试准确率为 85.87%。为测试模型的实时性，本节取 MobileNetv3-small、MobileNetv3-large 与 VO-Net 在 Tesla V100 上进行多次推理取平均时长，测试结

果如表 6-10 所示，结果显示 VO-Net 相比 MobileNetv3-small 增加了约 20%推理时长，但仍然明显小于其 large 版本，可视为具备较佳的实时性。

表 6-9　通道剪枝率和准确率

准确率	剪枝率/%				
	0	10	20	30	40
绝对值求和法准确率/%	86.42	86.29	86.05	85.53	76.60
VO-Net 准确率/%	86.42	86.31	86.11	85.87	77.91

表 6-10　模型单次推理时长

指标	MobileNetv3-small	MobileNetv3-large	VO-Net
单次推理时长/ms	32	55	39

4. 静态对比

为了进一步验证本节提出方法的有效性，本节将从相关领域内寻找较优方法进行对比。

（1）高斯混合模型（Gaussian mixture model，GMM）方法。该方法是一种基于图像的地面污点检测方法。该方法将污点检测视为单分类问题，使用地板图案的高斯混合模型进行无监督在线学习。本方法计算复杂度较低，但对于图像数据的背景纹理、光照等要求较高。

（2）ResNeSt[129]方法。该方法是一种用于处理图像信息的卷积神经网络结构，是基于 ResNet 的改进版，通过多分支、注意力机制（split attention）、分组卷积等操作，在计算效率与模型复杂度之间取得了一个合理的均衡。ResNeSt 先把通道划分为组，每个组内再将通道划分出更小的单元，注意力机制将被限制在窗口内，其准确率通常优于 MobileNetv3，其主要结构见图 6-30。

（3）Swin-Transformer[130]方法。该方法主要应用于处理图像任务，通过 self-attention 机制，显式地对一个序列中的所有像素两两之间的关联进行建模，相对于卷积神经网络而言更加注重全局信息，但同时也使得模型参数量较为巨大。其主要结构如图 6-31 所示。其中，补丁分区表示按照块大小对图像进行分割操作，线性嵌入为进行线性嵌入，补丁合并可以视为下采样，Swin-Transformer 块成对出现，W-MSA 为窗口多头自注意层，SW-MSA 代表移位窗口多头自注意层，LN 代表进行层归一化操作，MLP 即多重感知机。

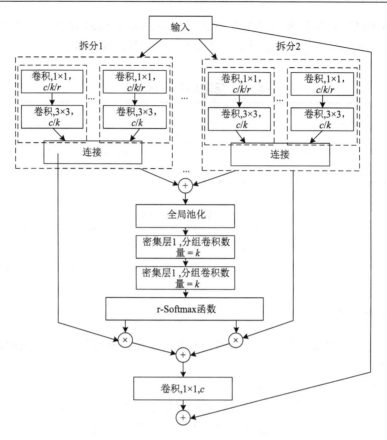

图 6-30　ResNeSt 主要结构

（4）PCA+SVM[131]方法。该方法来源于食品领域，以视觉信息与嗅觉信息作为输入，以 SVM 建造数据超平面进行分类任务。同时，为避免数据维度过高，Chen 等[131]通过 PCA 对数据进行了线性的数据压缩操作。受传统方法的限制，SVM 对于复杂图像一般不具备较佳的分类性能，同时 PCA 作为一种线性非监督学习方法，对于复杂数据的拟合效果同样有限。

（5）VET-CNN+EE-CNN[132]方法。该方法同样是利用视觉信息与嗅觉信息共同对食品进行分析的应用方法。该方法首先利用一维卷积神经网络 EE-CNN 与二维卷积神经网络 VET-CNN 分别对气体传感器的一维信号和图像传感器的二维信号进行了特征提取。然后，展开提取到的信息并进行连接操作。最后，通过一个BPNN 分类器进行重新加权获得最终分类结果。该方法通过决策融合方法实现了对视觉和嗅觉信息的融合。但该方法仅利用决策融合，未考虑到浅层特征融合带来的丰富语义信息，将难以引导子模型间进行更充分的信息融合。同时，该网络采用传统卷积结构，参数量相对较大。为方便书写，将该方法记为 VE CNN，其主要结构见图 6-32。

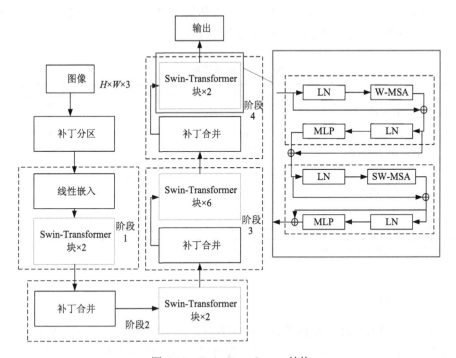

图 6-31　Swin-Transformer 结构

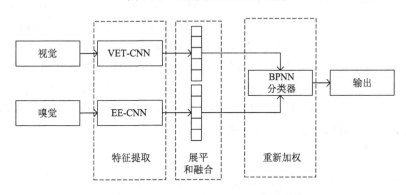

图 6-32　VET-CNN+EE-CNN 主要结构

（6）VO-Net with MobileNetv3 方法。该方法将作为对照组，验证针对融合信息分支基于注意力机制改进的 AMobileNet 的有效性。根据表 6-11 可知，对于地面污迹而言，当视觉特征提取细节达到瓶颈时，将无法对地面污迹进行识别。当利用图像和气体同时参与识别时，应用于食品领域的 PCA+SVM 方法，由于本任务输入图像的复杂性，无法在复杂数据中获取重组信息。利用神经网络进行特征提取与信息融合的模型相较于以上方法均取得了较大的改进，本节提出的方法准确率达86%，具有最佳表现。结果显示，气体信息对视觉语义信息起到了有效补充作用，同时骨干网络基于注意力机制改进有效。

表6-11 准确率对比

算法名称	信息模态	识别准确率/%	参数量/百万个
GMM	图像	NA	NA
ResNeSt	图像	59	NA
Swin-Transformer	图像	51	NA
PCA+SVM	图像、气体	65	NA
VE CNN	图像、气体	84	15.3
VO-Net with MobileNetv3	图像、气体	84	NA
VO-Net（本书方法）	图像、气体	86	3.6

注：NA 表示不具备可分析的准确率或相关参数无法对比。

5. 动态实验

为了验证 VO-Net 在实际场景中的有效性，本节利用激光 SLAM 方式建立了地图模型，同时在机器人通过的路径上设置了污迹，如图 6-33 所示。其中，A、B、C、D 4 点用于设置污迹，过道的每一侧都有一个窗口，其中 A 点光线较差，C 点处于转弯处，机器人速度将明显降低。开始和停止是机器人开始移动和最终停止的点。考虑到长期的顺风或逆风会带来无法控制的问题，因此与大多数涉及气体羽流的机器人测试实验一样，过道的窗户将被关闭。当连续三次污迹识别结果相同后，机器人会执行相应动作。同时，由于在动态测试中，识别过程中将出现地面无污迹，但气体传感器波动的情况，为减少干扰，本节方法将选取如图 6-34 所示的两分支并联结构进行动态测试。

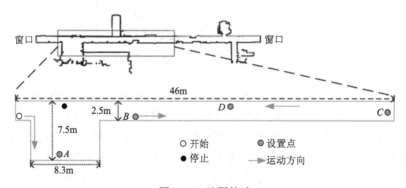

图 6-33 地图构建

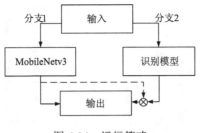

图 6-34　运行策略

图 6-34 中，分支 1 通过一个新的 MobileNetv3 网络利用纯视觉信息对地面进行污迹存在性的二分类识别。当分支 1 判断地面存在可疑污迹后启用分支 2，分支 2 利用如 VO-Net 的感知模型进行地面污迹的细粒度识别，设置仅当分支 1 判定地面存在污迹时，最终输出为分支 2 原输出，否则均视为无污迹。实验设置机器人的最大速度为 0.5m/s。

1）局部测试

本测试中每次将仅选择一个点位进行污迹的设置，每个污迹将针对每个点进行 10 次实验。当绕过不可通行污迹或正常通过可通行污迹时记录为动作正确。通过记录在各个点位机器人执行正确操作的次数作为模型评估指标。实验利用三种感知网络进行地面污迹细粒度识别能力对比测试，包括纯视觉的 MobileNetv3、结合视嗅信息的 VE CNN 和本节所提出的 VO-Net，实验结果如图 6-35 所示。

需要注意的是，应用 VE CNN 搭建的模型装载于机器人时，机器人出现刚好压住污迹即停止的情况。在已知 VE CNN 模型单次推理时长约 160ms 的基础上，对图 6-35 进行分析可知：①纯视觉模型将大量纯水污迹错认为酒精，咖啡与可乐也存在一致的情况。这是由于纯视觉模型实质无法实现地面污迹的细粒度识别。②A 点处，视嗅识别错误率相对较高，可知光照条件对于模型表型具有一定影响。③VO-Net 对于咖啡污迹的表现下降，考虑为咖啡污迹气味较淡，而设置类型时，为保证特征和机器人避障指令具备交叉，进行了反常识的标签设置，即对具备异味的咖啡设置为可通行，可乐设置为不可通行。对机器人低速移动的 C 点分析可得，VO-Net 对于咖啡具有较高识别能力。④根据本实验结果与表 6-11，基于 VE CNN 的方法，尽管其在静态实验中取得较高准确率，但由于其模型参数量过高，推理速度过慢，使得识别过程容错能力降低，实际运行中表现不佳。除咖啡污迹外，本节提出的 VO-Net 凭借较高的准确率和其轻量化结构所带来的较高推理速度，在该实验中获得了最佳表现。

2）全局测试

为了更加贴近真实的状况，补充了对 4 个位置同时设置污迹的实验，即全程 4 次全部成功视为通过，实验仅记录全程结果。本次将具备特殊气味的咖啡污迹

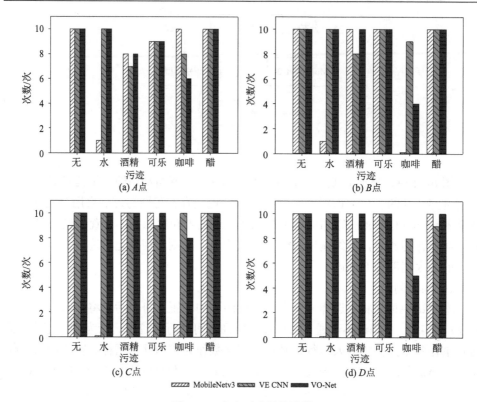

图 6-35　各点正确操作次数

设置为不可通过，无特殊气味的可乐为可通过，结果如图 6-35 所示。可知：①当特征明显且唯一时，面对醋污迹所有模型均取得 100%的正确率。②基于纯视觉信息的模型实际并不具备对具备类似外观的地面污迹进行细粒度识别的能力。③咖啡污迹识别结果显示，当污迹挥发气体浓度较低，结合气体传感器存在滞后性，将导致输出结果出现易错的情况，同时由于 VE CNN 推理效率过低，使其在机器人上无法进行即时有效的信息反馈。而 VO-Net 凭借其较高的实时性与准确率，获得了较佳的成功率。④由表 6-12 数据与图 6-35 分析可得，本节所提出的视嗅融合污迹识别方法是有效的。

根据测试结果，本节方法仍存在一些明显不足，尤其是其同时依赖于图像传感器与气体传感器，且气体传感器存在的滞后性，导致模型不具备充分的鲁棒性。但本节仍然具有较为重要的意义：①提出移动机器人通过嗅觉补充视觉语义进行地面污迹细粒度识别的方法，以提高移动机器人地面污迹识别能力；②通过实验验证了方法的有效性，为接下来的继续研究奠定了基础。

表 6-12 运行成功次数

污迹	MobileNetv3	VE CNN	VO-Net
None（T）	10	10	10
Water（T）	0	10	10
Alcohol（F）	8	8	9
Coke（T）	1	10	10
Coffee（F）	9	1	9

注：表中的 None（T）、Water（T）、Alcohol（F）、Coke（T）、Coffee（F）表示实验中使用的不同污迹类型及其可通过性（T: True，可通过；F: False，不可通过）。具体解释如下：None（T）表示没有污迹的情况（None），此情况下视为可通过（T: True）；Water（T）：表示水污迹，此情况下视为可通过（T: True）；Alcohol（F）：表示酒精污迹，此情况下视为不可通过（F: False）；Coke（T）：表示可乐污迹，此情况下视为可通过（T: True）；Coffee（F）：表示咖啡污迹，此情况下视为不可通过（F: False）。

6.5 视嗅融合感知模型快速更新方法

传统的深度学习模型，在模型训练完成后难以进行任务的扩展，如果仍以所有数据为训练数据集作为整体进行一次性训练，大量的冗余计算将会在动态的数据模型训练中产生，消耗巨大的计算成本。针对这一问题，研究者们先后提出针对小样本学习的[133]、基于特征图的迁移学习、基于知识图谱[134]的迁移学习、自动机器学习（AutoML）[135]等方法实现模型的快速搭建或更新。结合机器人使用的实际过程中将会不断采集到连续的新信息，增量学习（incremental learning/ lifelong learning）[136]成为最理想的方法。本章将利用增量学习方法实现模型的快速更新。

6.5.1 增量学习技术

增量学习，也称为持续学习或终身学习，是以迁移学习为基础的机器学习方法。增量学习的核心思想是在新的训练任务开始之前保留先前训练任务的相关信息。目前基于存储的增量学习方法主要有两类，一类是少量原数据和新数据共同参与模型训练的方法，一类是利用旧模型而数据来源全部为新数据的方法。基于此两类方法，目前的增量学习技术又分为四种：①基于神经元门控的增量学习方法；②通过限制参数权值更新方向和大小来实现增量更新；③针对每个增量任务训练一个特定网络的增量学习方式；④基于代表性记忆存储的增量学习方式[137-139]。其中基于神经元门控的方法需要构建巨大的网络架构，直接限制了网络性能；限定参数权值的更新方法，对于参数的初始化要求较高；针对每个增量任务训练一个特定网络的方法将伴随任务增长，导致网络的臃肿。结合目前移动机器人应用环境通常具有总服务器的特点，无须大量改变模型，仅占用服务器存储空间的基于代表性记忆存储的方法成为较佳方案。

基于代表性记忆存储的方法主要有两个操作步骤，包括新数据的存储与旧数据的删除。新数据的存储将基于特征提取方法与排序算法，根据新数据到样本特征均值中心的距离，建立升序的样本列表，选取前 n 个样本。而旧数据的删除，为了保证模型泛用性以及参数变化不会过大，则是按照相同方法排序后，通过倒序抽样和随机抽样选择一个合适的比例，进行旧数据的丢弃。所选择的存储数据将极大影响基于代表性记忆存储方法的性能。

6.5.2 增量学习模型

模型压缩将对模型的泛化能力产生影响，因此本章所提及的 VO-Net 均为未进行剪枝的原始模型。

1. 基于 VO-Net 的增量学习框架

为实现有效的地面污迹分类，本章将以 VO-Net 作为基分类器，并选择以 Castro 等[140]提出的端到端增量学习（end-to-end incremental learning）方法框架进行完整模型的搭建（为方便书写，这里记为 E2EIL）。图 6-36 给出了采用的增量学习框架示意图。该网络以 VO-Net 作为特征提取器，实现视嗅融合特征的提取。当模型进行增量更新时，新样本和存储的样本共同构成新的训练集；更新完成后，存储空间的样本将根据最后提取的稳定特征进行更新。其中的 CL1、CL2 直到

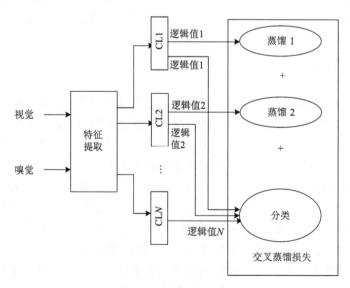

图 6-36 增量学习模型

CL(N–1)均为带有旧类型以及旧参数的模型，用于蒸馏与分类；CLN 将为包含新的类型的特征提取器，其参数将直接应用于最终的分类器。

2. 损失函数

Li 和 Hoiem[136]提出的交叉蒸馏损失（learning without forgetting，LwF）方法显示，采用交叉蒸馏损失可以抑制对以往数据的遗忘。原始的 LwF 中模型参与反向传播的损失函数为当前模型的交叉熵损失函数与新旧模型间的蒸馏损失和，计算公式如下：

$$L(w) = L_c(w) + \sum_{f=1}^{F} L_{D_f}(w) \tag{6-25}$$

其中，$L_c(w)$ 为应用于最新模型训练过程中的交叉熵损失；$L_{D_f}(w)$ 为分类层 f 中通过原有数据标签产生的蒸馏损失；F 为旧类别的分类层总数。新样本只用于构建常规的交叉熵损失，旧样本则用于同时构建常规交叉熵损失和蒸馏损失。常规交叉熵损失与式（6-25）一致，蒸馏损失 $L_{D_f}(w)$ 定义为

$$L_{D_f}(w) = -\frac{1}{N} \sum_{i=1}^{N} \sum_{j=1}^{C} \text{pdist}_{ij}^{\frac{1}{T}} \log\left(\text{qdist}_{ij}^{\frac{1}{T}} \right) \tag{6-26}$$

其中，N 为旧模型总数；C 为类别数量；pdist_{ij} 为符号函数，当样本的类别与预测的类别相一致时，j 值为 1，否则其值为 0；qdist_{ij} 为观测样本 i 属于类别 C 的预测概率；T 为蒸馏参数，用于控制软化程度。Li 和 Hoiem[136]提出的 LwF 方法中显示 T 取 2 将获得较佳的模型表现。

Hindon 等[141]提出一种对输出标签概率进行软化的方法，文中表示利用原始的 Softmax 函数在输出时，对错误的标签分配了较为接近的概率值，但事实上其真实概率也许存在数个量级的差距。通过在 Softmax 函数中引入一个温度系数 t 可以对模型的输出概率进行调整，其激活函数为

$$q_l = \frac{\mathrm{e}^{\frac{z_l}{t}}}{\sum_l \mathrm{e}^{\frac{z_l}{t}}} \tag{6-27}$$

式中，z_l 为输出标签为 l 时的概率。软化的标签具备较高的熵，可以提供更多的信息。同时，经过软化的激活函数 Softmax 的映射曲线将更为平滑，映射概率更为集中。

3. 代表性记忆存储更新方法

Rebuffi 等[142]提出的 iCaRL 方法中显示，当以样本特征的均值向量作为保留

样本的聚类中心时，可以获取较为有效的样本。但是，以样本均值方法保留的样本，其特征向量将可能过度集中于平均值，导致过拟合。本节将通过以多个圆心不重叠，范围可重叠的同等半径超球面，实现选取范围的扩大，以保证样本特征的丰富。为更好地获取边界样本和中心样本，本节选用基于密度的快速搜索聚类方法（CFDP）[143]。CFDP 方法特点是：①类别中心点的密度远大于周围点；②与其他的较高密度点具有相对较大的距离。

一般情况下，采用 k 近邻均值倒数的方式定义密度可以获得较佳表现，其采用的计算公式为

$$\rho_i = \sum_{j \in I_s} \omega(d_{ij} - d_c) \tag{6-28}$$

$$\omega(x) = \begin{cases} 1, x < 0 \\ 0, x \geqslant 0 \end{cases} \tag{6-29}$$

式中，ω 为权重函数；d_c 为计算密度时截面距离；I_s 为从数据集 D 内分割出的部分；d_{ij} 为第 i 和 j 个样本间的距离。该函数根据距离 x 的大小即两个样本之间的距离来分配权重。设每个聚类中心表示为 X_{m_j}，$\{g_i\}$ 表示密度比 X_i 大的样本点集合，$\{n_i\}$ 表示 g_i 与 X_i 距离最近的点集合，具体的代表性记忆存储更新算法步骤如下所示：

代表性记忆存储更新算法步骤：

1> 输入数据与标签、每个类别集合点数量以及每个类别的平均特征向量

2> 数据初始化及预处理

3> 计算 d_{ij}，并设置最低截面距离 d_{cmin}

4> 以 d_{cmin} 为范围，按照式（6-28）计算 $\{\rho_i\}_{i=1}^N$，并生成密度排序 $\{q_i\}_{i=1}^N$

5> 计算 $\{\delta_i\}_{i=1}^N$ 与 $\{n\}_{i=1}^N$

6> 确定聚类中心，并标记类别 λ^C

7> 对非聚类中心的点进行归属至最近邻所属类簇内；

对聚类中心按照与当前类的平均特征向量的距离进行排序 $\{m_k\}_{k=1}^C$

8> 针对每类，选择合适个数的聚类中心，通过调整 d_c 以获取所需样本

9> 将边界内特征对应的原始数据与标签进行保存

6.5.3　模型训练

1.训练流程

基于代表性记忆存储的增量学习模型，利用优选后的旧样本以及新样本共同完成新模型的训练。它将包括如图 6-37 所示的四个主要的阶段：①构建训练集；②训练阶段，根据提出的增量学习方法输出初步分类模型；③利用新类型数据的子集与存储样本对模型进行多次微调，其中每个子集样本数量一致；④根据所提出的代表性记忆更新方法，对存储样本进行更新。本节将进行以下这些阶段的说明。

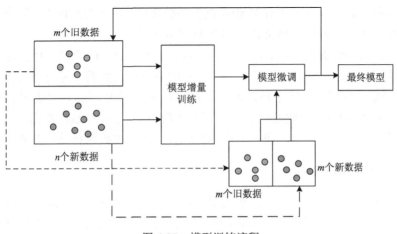

图 6-37　模型训练流程

1）训练流程

以往的方法如 LwF 中，为保证所提取的特征具有类似的分布通常会对参数进行冻结，蒸馏损失函数将要求特征提取器会根据不同的增量阶段进行权重的改变，而分类层也将会根据新的权重对神经元进行处理。为加强旧类别的信息，来自新类别的样本也将参与蒸馏。

2）模型微调

在经过初步的模型训练后，由于训练过程中新类别的比重较大，获取的模型分类结果将偏向于新类别，因此我们将通过新类别样本的多次筛选过程进行删减，然后与相同数量的旧类别的样本一同送入网络内进行新的训练。需要注意的是，该步骤的学习率将调低，且损失函数仍然包括当前交叉熵损失与蒸馏损失。

3）代表性样本更新

在经过模型微调后，获得了新的分类模型。该阶段，将利用最终模型对所有样本再次进行如 6.5.2 节中所述的样本更新操作，以实现最终的存储样本更新。

2. 数据处理与实验

为验证实验效果，本节将仅利用存在污迹的图像与对应时间戳的气体数据进行实验，实验环境与前述一致，对于每组数据将被训练 150 个 epoch，优化器选择默认参数的 Adam，batch size 设置为 16，训练阶段温度系数取 5。同时，增量学习模型将进行两类测试：①增加数据类型；②仅增加数据量。

（1）在仅增加数据量的实验中，首先将每类污迹 1000 组数据送入网络，然后分 4 批次，每批次每类输入 450 组数据，总共增加 1800 组数据。增加后的每类数据总量为 2800 组数据。在验证集的选择上，从剩余的 200 组数据与训练过的数据中随机抽取 800 组数据，共 1000 组数据作为验证集。在训练过程中，每类型的旧样本保存 300 组。最终，每类数据中有 1500 组数据用于训练。

（2）在增加数据类型的训练过程中，首先抽取每类 200 个样本作为测试集。然后依次输入纯水、酒精、可乐、咖啡、醋的所有种类数据。每类初始数据量为 2500 组数据，分别在每类中随机抽取 1000 组数据作为验证集，每类保存 300 组旧样本。剩余的 1500 组数据用于训练。这种策略确保了每类数据在训练集、验证集和测试集中的合理分配，保证了模型训练的有效性和数据利用的充分性。

3. 实验对比

为评估本节的方法，将与目前主要的深度增量学习方法 DGM[144]、iCaRL、E2EIL[136] 以及联合学习（joint learning，JTL）进行实验对比。DGM 是基于生成对抗网络（GAN）神经网络的增量学习方法，通过重演的方式用合成的图像和新增加类别的真实例子重训练模型；iCaRL 以最近邻平均值分类器作为最终分类器，并以平均特征向量中心进行样本更新；E2EIL 在 iCaRL 的基础上引入了蒸馏损失，同时所有参数将参与反向传播进行更新；JTL 即常见的联合学习，每一次学习将使用全部数据参与模型训练，理论上可以获得具有最佳效果的模型。所获得的结果如图 6-38 所示。

如图 6-38 所示，联合学习最终以 86% 的准确率获得最佳表现，这是由于训练过程对数据集进行了完整的遍历。增量学习方法中，基于 GAN 神经网络的方法效果较差，这是因为 GAN 神经网络其本身训练较为困难，本节相应的数据集不足以生成有效的生成器，使准确率较低。其他方法在仅增加数据量，而不增加数据类别的情况下，均保持较高的精度。其中基于记忆性存储的方法，在不断输入新数据集时，可以认为是不断优选样本集的过程，在加入样本时，准确率甚至取得上升。其中，本节提出的 VO-Net 最终准确率达 75%[图 6-38（a）]。增加数据类别的增量学习过程中，由于类别增长，且当新类别数据被增加时，模型将出现对于旧数据的遗忘以及模型参数的偏置，各类型模型均呈现下降趋势。但本节所提出的方法仍然取得了相对最佳效果，较第二的 VO-Net 方法提升了 2%。

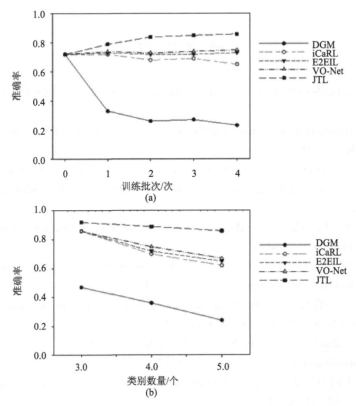

图 6-38　（a）仅增加数据量的模型准确率和（b）增加数据类别的模型准确率

6.6　本　章　小　结

本章以移动机器人的地面污迹识别为应用案例，提出了一种利用机器嗅觉信息来增强移动机器人的现有视觉感知能力，可对具有特殊气味的地面污迹实现细粒度识别的方法。本章系统地阐述了该研究内容的目的意义、技术方法、理论模型、实验验证和后续改进方法，是一个完整的系统性工作。

参 考 文 献

[1] Brian G, Machine Olfaction. Springer Handbook of Odor[M]. Switzerland: Springer, 2017: 55-56.

[2] Gutierrez-Osuna R. Pattern analysis for machine olfaction: A review[J]. IEEE Sensors Journal, 2002, 2(3): 189-202.

[3] Vlasov Y G. Book review: Handbook of machine olfaction. By Tim C. Pearce, Susan S. Shiffman, H. Troy Nagle, and Julian W. Gardner (eds.)[J]. Advanced Materials, 2004, 16(12): 1028-1029.

[4] Wilkens W F, Hartman J D. An electronic analog for the olfactory processes[J]. Journal of Food Science, 1964, 29(3): 372-378.

[5] Buck T M, Allen F G. Detection of chemical species by surface effects on metals and semiconductors[R]. IIT Kanpur: PK Kelkar Library, 1964.

[6] Dravnieks A, Trotter P J. Polar vapour detector based on thermal modulation of contact potential[J]. Journal of Scientific Instruments, 1965, 42(8): 624-627.

[7] Persaud K, Dodd G. Analysis of discrimination mechanisms in the mammalian olfactory system using a model nose[J]. Nature, 1982, 299: 352-355.

[8] Gardner J W, Bartlett P N. A brief history of electronic noses[J]. Sensors and Actuators B: Chemical, 1994, 18(1-3): 210-211.

[9] Shepherd G M. Discrimination of molecular signals by the olfactory receptor neuron[J]. Neuron, 1994, 13(4): 771-790.

[10] 方向生, 施汉昌, 何苗, 等. 电子鼻在环境监测中的应用与进展[J]. 环境科学与技术, 2011, 34(10): 112-117, 122.

[11] 刘佳, 殷立峰, 代云容, 等. 电化学酶传感器在环境污染监测中的应用[J]. 化学进展, 2012, 24(1): 131-143.

[12] 孙林, 陆绮荣, 黄媛媛, 等. 流程工业气体浓度在线检测系统的研究[J]. 自动化仪表, 2012, 33(3): 15-17, 20.

[13] 李文进, 刘霞, 李蓉卓, 等. 电化学传感器在农药残留检测中的研究进展[J]. 食品与机械, 2013, 29(4): 241-245.

[14] 郝燕, 王永清, 王悦, 等. 检测细胞代谢气体成分诊断肺癌的方法[J]. 浙江大学学报(工学版), 2008, 42(2): 294-298, 348.

[15] Andreeva N, Ishizaki T, Baroch P, et al. High sensitive detection of volatile organic compounds using superhydrophobic quartz crystal microbalance[J]. Sensors and Actuators B: Chemical, 2012, 164(1): 15-21.

[16] Hua Q L, Zhu Y Z, Liu H. Detection of volatile organic compounds in exhaled breath to screen lung cancer: A systematic review[J]. Future Oncology, 2018, 14(16): 1647-1662.

[17] Wang B, Cancilla J C, Torrecilla J S, et al. Artificial sensing intelligence with silicon nanowires for ultraselective detection in the gas phase[J]. Nano Letters, 2014, 14(2): 933-938.

[18] Scott S M, James D, Ali Z. Data analysis for electronic nose systems[J]. Microchimica Acta, 2006, 156(3-4): 183-207.

[19] Raj V B, Singh H, Nimal A T, et al. Oxide thin films (ZnO, TeO_2, SnO_2, and TiO_2) based surface acoustic wave (SAW) E-nose for the detection of chemical warfare agents[J]. Sensors and Actuators B: Chemical, 2013, 178: 636-647.

[20] Tierney M J, Kim H O L. Electrochemical gas sensor with extremely fast response times[J]. Analytical Chemistry, 1993, 65(23): 3435-3440.

[21] Jung Y S, Jung W, Tuller H L, et al. Nanowire conductive polymer gas sensor patterned using self-assembled block copolymer lithography[J]. Nano Letters, 2008, 8(11): 3776-3780.

[22] Bhattacharyya P. Technological journey towards reliable microheater development for MEMS gas sensors: A review[J]. IEEE Transactions on Device and Materials Reliability, 2014, 14(2): 589-599.

[23] 骆德汉. 仿生嗅觉原理、系统及应用[M]. 北京: 科学出版社, 2012.

[24] Laurent G, Davidowitz H. Encoding of olfactory information with oscillating neural assemblies[J]. Science, 1994, 265(5180): 1872-1875.

[25] Stopfer M, Bhagavan S, Smith B H, et al. Impaired odour discrimination on desynchronization of odour-encoding neural assemblies[J]. Nature, 1997, 390: 70-74.

[26] Gardner J W, Covington J A, Tan S L, et al. Towards an artificial olfactory mucosa for improved odour classification[J]. Proceedings of the Royal Society A: Mathematical, Physical and Engineering Sciences, 2007, 463(2083): 1713-1728.

[27] Gardner J W, Covington J A, Tan S L, et al. A biologically-inspired artificial olfactory mucosa[J]. Polymer, 2006, 1: S11.

[28] Goodfellow I, Bengio Y, Courville A, et al. Deep Learning[M]. Cambridge: The MIT press, 2016.

[29] Amari A, El Bari N, Bouchikhi B. Conception and development of a portable electronic nose system for classification of raw milk using principal component analysis approach[J]. Sensors & Transducers, 2009, 102(3): 33-44.

[30] Duong T A, Ryan M A, Duong V A. Space invariant independent component analysis and ENose for detection of selective chemicals in an unknown environment[J]. Journal of Advanced Computational Intelligence and Intelligent Informatics, 2007, 11(10): 1197-1203.

[31] Jeong G M, Nghia N T, Choi S I. Pseudo optimization of e-nose data using region selection with feature feedback based on regularized linear discriminant analysis[J]. Sensors, 2014, 15(1): 656-671.

[32] Xu X T, Tian F C, Yan J. Rapid detection of wound pathogen by e-nose with a gas

condensation unit[J]. Chinese Journal of Sensors and Actuators, 2009, 22(3): 303-306.

[33]　Aishima T. Correlating sensory attributes to gas chromatography-mass spectrometry profiles and e-nose responses using partial least squares regression analysis[J]. Journal of Chromatography A, 2004, 1054(1/2): 39-46.

[34]　Hines E L, Boilot P, Gardner J W, et al. Pattern Analysis for Electronic Noses, Handbook of Machine Olfaction[M]. Wiesbaden: Wiley-VCH Verlag GmbH and Co. KGaA, 2003: 133-160.

[35]　胡晓楠. 基于深度学习的气体识别研究[D]. 成都: 电子科技大学, 2014.

[36]　罗宇. 基于深度信念网络的气体传感器漂移补偿[D]. 重庆: 重庆大学, 2017.

[37]　Längkvist M, Loutfi A. Unsupervised feature learning for electronic nose data applied to Bacteria Identification in Blood[C]. San Diego: NIPS workshop on Deep Learning and Unsupervised Feature Learning, 2011.

[38]　王晞雯. 浅谈环境监测仪器的现状与发展[J]. 中国仪器仪表, 2007(6): 29-31.

[39]　Tang J J L, Nishi P J, Chong G E W, et al. River water quality analysis via headspace detection of volatile organic compounds[J]. AIP Conference Proceedings, 2017, 1808(1): 020053.

[40]　Röck F, Barsan N, Weimar U. Electronic nose: Current status and future trends[J]. Chemical Reviews, 2008, 108(2): 705-725.

[41]　Taştan M, Gökozan H. Real-time monitoring of indoor air quality with Internet of Things-based E-nose[J]. Applied Sciences, 2019, 9(16): 3435.

[42]　张愉, 齐美星, 童敏明. 基于 RBF 神经网络的单一催化传感器检测混合气体研究[J]. 传感技术学报, 2009, 22(5): 623-626.

[43]　Lee D S, Jung H Y, Lim J W, et al. Explosive gas recognition system using thick film sensor array and neural network[J]. Sensors and Actuators B: Chemical, 2000, 71(1/2): 90-98.

[44]　Sohn J H, Dunlop M, Hudson N, et al. Non-specific conducting polymer-based array capable of monitoring odour emissions from a biofiltration system in a piggery building[J]. Sensors and Actuators B: Chemical, 2009, 135(2): 455-464.

[45]　Jie D F, Wei X, Zhou H L, et al. Research progress on interference in the detection of pollutant gases and improving technology in livestock farms: A review[J]. Applied Spectroscopy Reviews, 2017, 52(2): 101-122.

[46]　Pan L L, Yang S X. An electronic nose network system for online monitoring of livestock farm odors[J]. IEEE/ASME Transactions on Mechatronics, 2009, 14(3): 371-376.

[47]　Pinnaduwage L A, Zhao W, Gehl A C, et al. Quantitative analysis of ternary vapor mixtures using a microcantilever-based electronic nose[J]. Applied Physics Letters, 2007, 91(4): 044105.

[48]　Sironi S, Capelli L, Céntola P, et al. Development of a system for the continuous monitoring of odours from a composting plant: Focus on training, data processing and results validation methods[J]. Sensors and Actuators B: Chemical, 2007, 124(2): 336-346.

[49]　Micone P G, Guy C. Odour quantification by a sensor array: An application to landfill gas odours from two different municipal waste treatment works[J]. Sensors and Actuators B: Chemical, 2007, 120(2): 628-637.

[50] Littarru P. Environmental odours assessment from waste treatment plants: Dynamic olfactometry in combination with sensorial analysers "electronic noses"[J]. Waste Management, 2007, 27(2): 302-309.

[51] 张良谊, 温丽菁, 周峰, 等. 用于测定空气中甲醛的电子鼻[J]. 高等学校化学学报, 2003, 24(8): 1381-1384.

[52] 张勇, 刘君华, 吴浩扬, 等. 基于遗传神经网络的电子鼻在大气环境气体模式识别中的应用[J]. 仪器仪表学报, 2001, 22(S2): 225-226.

[53] Zampolli S, Elmi I, Ahmed F, et al. An electronic nose based on solid state sensor arrays for low-cost indoor air quality monitoring applications[J]. Sensors and Actuators B: Chemical, 2004, 101(1/2): 39-46.

[54] Young R C, Buttner W J, Linnell B R, et al. Electronic nose for space program applications[J]. Sensors and Actuators B, Chemical, 2003, 93(1/2/3): 7-16.

[55] Gostelow P, Parsons S A, Stuetz R M. Odour measurements for sewage treatment works[J]. Water Research, 2001, 35(3): 579-597.

[56] Stuetz R, George S, Fenner R, et al. Monitoring wastewater BOD using a non-specific sensor array[J]. Journal of Chemical Technology and Biotechnology, 1999, 74(11): 1069-1074.

[57] Bourgeois W, Hogben P, Pike A, et al. Development of a sensor array based measurement system for continuous monitoring of water and wastewater[J]. Sensors and Actuators B: Chemical, 2003, 88(3): 312-319.

[58] Bourgeois W, Stuetz R M. Use of a chemical sensor array for detecting pollutants in domestic wastewater[J]. Water Research, 2002, 36(18): 4505-4512.

[59] Baby R E, Cabezas M, de Reca E N W. Electronic nose: A useful tool for monitoring environmental contamination[J]. Sensors and Actuators B: Chemical, 2000, 69(3): 214-218.

[60] Fang X S, Guo X, Shi H C, et al. Determination of ammonia nitrogen in wastewater using electronic nose[C]//2010 4th International Conference on Bioinformatics and Biomedical Engineering. Chengdu: IEEE, 2010: 1-4.

[61] Stuetz R M, White M, Fenner R A. Use of an electronic nose to detect tainting compounds in raw and treated potable water[J]. Journal of Water Supply: Research and Technology, 1998, 47(5): 223-228.

[62] Canhoto O, Magan N. Electronic nose technology for the detection of microbial and chemical contamination of potable water[J]. Sensors and Actuators B: Chemical, 2005, 106(1): 3-6.

[63] Bastos A C, Magan N. Potential of an electronic nose for the early detection and differentiation between *Streptomyces* in potable water[J]. Sensors and Actuators B: Chemical, 2006, 116: 151-155.

[64] Bastos A C, Magan N. Soil volatile fingerprints: Use for discrimination between soil types under different environmental conditions[J]. Sensors and Actuators B: Chemical, 2007, 125(2): 556-562.

[65] Alpha MOS. 电子鼻在嗅觉分析中的应用[EB/OL]. 2020-9-12. http://www.alphamos-cn.

com/Analysis?id=1.

[66] Sensigent. Cyranose electronic nose in industry[EB/OL]. 2020-9-12. https://www.sensigent. com/products/cyranose.html.

[67] AIRSENSE. Portable Electronic Nose: Intelligent chemical sensor for identification of gases and vapours[EB/OL]. 2020-9-12. https://airsense.com/sites/default/files/airsense_pen3.pdf.

[68] Saidi T, Zaim O, Moufid M, et al. Exhaled breath analysis using electronic nose and gas chromatography-mass spectrometry for non-invasive diagnosis of chronic kidney disease, diabetes mellitus and healthy subjects[J]. Sensors and Actuators B: Chemical, 2018, 257: 178-188.

[69] Li W, Liu H Y, Xie D D, et al. Lung cancer screening based on type-different sensor arrays[J]. Scientific Reports, 2017, 7: 1969.

[70] 曾天禹, 徐航, 黄显. 呼出气传感器进展、挑战和未来[J]. 仪器仪表学报, 2019, 40(8): 65-81.

[71] Fu R, Shen J, Wang X, et al. Quality evaluation of live Yesso scallop and sensor selection based on artificial neural network and electronic nose[J]. Transactions of the Chinese Society of Agricultural Engineering, 2016, 32(6): 268-275.

[72] Liu Q, Zhao N, Zhou D D, et al. Discrimination and growth tracking of fungi contamination in peaches using electronic nose[J]. Food Chemistry, 2018, 262: 226-234.

[73] Zhi R C, Zhao L, Zhang D Z. A framework for the multi-level fusion of electronic nose and electronic tongue for tea quality assessment[J]. Sensors, 2017, 17(5): 1007.

[74] Zhao W, Meng Q H, Zeng M, et al. Stacked sparse auto-encoders (SSAE) based electronic nose for Chinese liquors classification[J]. Sensors, 2017, 17(12): 2855.

[75] Jia X M, Meng Q H, Jing Y Q, et al. A new method combining KECA-LDA with ELM for classification of Chinese liquors using electronic nose[J]. IEEE Sensors Journal, 2016, 16(22): 8010-8017.

[76] Qi P F, Meng Q H, Jing Y Q, et al. A bio-inspired breathing sampling electronic nose for rapid detection of Chinese liquors[J]. IEEE Sensors Journal, 2017, 17(15): 4689-4698.

[77] Wang L, Teleki A, Pratsinis S E, et al. Ferroelectric WO$_3$ nanoparticles for acetone selective detection[J]. Chemistry of Materials, 2008, 20(15): 4794-4796.

[78] Righettoni M, Tricoli A, Pratsinis S E. Si : WO$_3$ Sensors for highly selective detection of acetone for easy diagnosis of diabetes by breath analysis[J]. Analytical Chemistry, 2010, 82(9): 3581-3587.

[79] 国际科技创新中心. "制造基础技术与关键部件"国家重点研发计划指南[EB/OL]. 2021-3-12[2021-6-12]. https: //www.ncsti.gov.cn/kjdt/tzgg/202103/t20210312_26078.html.

[80] 王昊阳, 郭寅龙, 张正行, 等. 顶空-气相色谱法进展[J]. 分析测试技术与仪器, 2003, 9(3): 129-135.

[81] Rivai M, Talakua E L. The implementation of preconcentrator in electronic nose system to identify low concentration of vapors using neural network method[C]//Proceedings of

International Conference on Information, Communication Technology and System (ICTS). Surabaya: IEEE, 2014: 31-36.

[82] McCartney M M, Zrodnikov Y, Fung A G, et al. An easy to manufacture micro gas preconcentrator for chemical sensing applications[J]. ACS Sensors, 2017, 2(8): 1167-1174.

[83] 胥勋涛, 田逢春, 闫嘉, 等. 结合气体浓缩的电子鼻伤口病原菌快速检测[J]. 传感技术学报, 2009, 22(3): 303-306.

[84] Furlong C, Stewart J R. Nuisance odour detection using a portable electronic nose and a preconcentration system[J]. Sensors for Environmental Control, 2003, 2(4), 163-167.

[85] 胡嘉浩. 气体浓缩装置与泵吸气味分析仪的研发[D]. 武汉: 华中科技大学, 2016.

[86] 程录, 孟庆浩. 电子鼻富集装置温度补偿方法[J]. 仪器仪表学报, 2020, 41(1): 56-63.

[87] Wang J, Gao D Q, Wang Z J. Quality-grade evaluation of petroleum waxes using an electronic nose with a TGS gas sensor array[J]. Measurement Science and Technology, 2015, 26(8): 85-93.

[88] Guz Ł, Łagód G, Jaromin-Gleń K, et al. Assessment of batch bioreactor odour nuisance using an e-nose[J]. Desalination and Water Treatment, 2016, 57(3): 1327-1335.

[89] 徐耀宗, 崔晨, 童丽萍, 等. 用于车用材料 VOC 在线分析的便携式电子鼻设计[J]. 汽车实用技术, 2017(23): 14-16, 19.

[90] 孟庆浩, 程录. 基于手持式电子鼻的车内 ppb 级低浓度气味等级评价方法: 中国. CN110333319A[P]. 2019-10-15.

[91] 贾鹏飞. 基于全局和局部融合特征提取的电子鼻低浓度样本检测方法: 中国. CN110146652A[P]. 2019-8-20.

[92] Tenax, Markes Instruments (Shanghai) Co, Ltd[EB/OL]. 2019-11-3. https://www.markes.com/Products/Sampling-accessories/Sorbent-tubes/Stainless-steel.aspx.

[93] Montgomery D C, Peck E A, Vining G G. Introduction to Linear Regression Analysis[M]. Hoboken: Wiley, 2021.

[94] Figaro USA Inc. Applications for gas sensors[EB/OL]. 2019-4-14[2022-3-7]. https://www.figarosensor.com/.

[95] 安徽六维传感科技有限公司. 基于传感器的智能终端产品的生产[EB/OL]. 2018-1-19 [2020-6-7]. https://aiqicha.baidu.com/company_detail_53561062367213.

[96] Muezzinoglu M K, Vergara A, Huerta R, et al. Acceleration of chemo-sensory information processing using transient features[J]. Sensors and Actuators B: Chemical, 2009, 137(2): 507-512.

[97] Vergara A, Vembu S, Ayhan T, et al. Chemical gas sensor drift compensation using classifier ensembles[J]. Sensors and Actuators B: Chemical, 2012, 166/167: 320-329.

[98] Hinton G E, Osindero S, Teh Y W. A fast learning algorithm for deep belief nets[J]. Neural Computation, 2006, 18(7): 1527-1554.

[99] Gu J X, Wang Z H, Kuen J, et al. Recent advances in convolutional neural networks[J]. Pattern Recognition, 2018, 77: 354-377.

[100] Bach F R. Consistency of the group lasso and multiple kernel learning[J]. Journal of Machine Learning Research, 2008, 9: 1179-1225.

[101] 寒武纪. 智能边缘计算模组-思元 220[EB/OL]. 2019-11-14[2021-6-12]. http://www. cambricon.com/index.php? m=content&c=index&a=lists&catid=55.

[102] 嘉楠捷思. 堪智 K210[EB/OL]. 2018-9-6[2021-6-12]. https://canaan-creative.com/product/ kendryteai.

[103] Alexander Vergara. Gas sensor array drift dataset, UC Irvine Machine Learning Repository. 2012-4-24. http://archive.ics.uci.edu/ml/datasets/Gas+Sensor+Array+Drift+Dataset[DB/OL] [2021-8-13].

[104] Brownlee J. How to grid search hyperparameters for deep learning models in python with keras[EB/OL]. 2022-4-7[2023-5-12]. https: //machinelearningmastery.com/grid-search-hyperpar-ameters-deep-learning-models-python-keras/.

[105] Jung Y. Multiple predicting K-fold cross-validation for model selection[J]. Journal of Nonparametric Statistics, 2018, 30(1): 197-215.

[106] Klein A, Falkner S, Springenberg J T, et al. Learning curve prediction with Bayesian neural networks[C]. California: ICLR, 2016.

[107] Wu X H, Zhu J, Wu B, et al. Discrimination of Chinese liquors based on electronic nose and fuzzy discriminant principal component analysis[J]. Foods, 2019, 8(1): 38.

[108] Li X F, Zhu J C, Li C, et al. Evolution of volatile compounds and spoilage bacteria in smoked bacon during refrigeration using an E-nose and GC-MS combined with partial least squares regression[J]. Molecules, 2018, 23(12): 3286.

[109] Sun R Z, Du H Y, Zheng Y G. Discriminative power of independent component analysis applied to an electronic nose[J]. Measurement Science and Technology, 2020, 31(3): 035108.

[110] Laref R, Ahmadou D, Losson E, et al. Orthogonal signal correction to improve stability regression model in gas sensor systems[J]. Journal of Sensors, 2017, 11(6): 1-8.

[111] Baldi P. Autoencoders, unsupervised learning and deep architectures[C]// California, Irvine: Proceedings of ICML Workshop on Unsupervised and Transfer Learning. Cambridge: Cambridge University Press, 2012, 27: 37-50.

[112] Polikar R. Ensemble learning[M]. New York: Springer, 2012: 1-34.

[113] Schwenk H, Bengio Y. Training methods for adaptive boosting of neural networks [C]// Proceedings of the 10th International Conference on Neural Information Processing Systems. Denver: Neur IPS, 1997: 647-650.

[114] Ke G, Meng Q, Finley T, et al. Lightgbm: A highly efficient gradient boosting decision tree[C]// Proceedings of the 31st International Conference on Neural Information Processing Systems. California: Curran Associates Inc., 2017: 3149-3157.

[115] Grzonka S, Dijoux F, Karwath A, et al. Mapping indoor environments based on human activity[C]//2010 IEEE International Conference on Robotics and Automation. Anchorage: IEEE, 2010: 476-481.

[116] 韦艳艳, 李陶深. 一种基于投票的 Stacking 方法[J]. 计算机工程, 2006, 32(7): 199-201.

[117] Vielzeuf V, Lechervy A, Pateux S, et al. CentralNet: A multilayer approach for multimodal fusion[C]//European Conference on Computer Vision. Cham: Springer, 2018: 575-589.

[118] Howard A G, Zhu M L, Chen B, et al. MobileNets: efficient convolutional neural networks for mobile vision applications[C]. arXiv preprint, 2017: arXiv: 1704. 04861.

[119] Sandler M, Howard A, Zhu M L, et al. MobileNetV2: Inverted residuals and linear bottlenecks[C]//2018 IEEE/CVF Conference on Computer Vision and Pattern Recognition. Salt Lake City: IEEE, 2018: 4510-4520.

[120] Howard A, Sandler M, Chen B, et al. Searching for MobileNetV3[C]//2019 IEEE/CVF International Conference on Computer Vision (ICCV). Seoul: IEEE, 2019: 1314-1324.

[121] Hu J, Shen L, Albanie S, et al. Squeeze-and-excitation networks[J]. IEEE Transactions on Pattern Analysis and Machine Intelligence, 2020, 42(8): 2011-2023. [LinkOut]

[122] Hu R, Singh A. Transformer is all you need: Multimodal multitask learning with a unified transformer[J]. arXiv e-prints, 2021: arXiv: 2102. 10772.

[123] Wang Z G, Oates T. Imaging time-series to improve classification and imputation[C] //Proceedings of the 24th International Conference on Artificial Intelligence. Buenos Aires: ACM, 2015: 3939-3945.

[124] Feng L H, Dai H H, Song X, et al. Gas identification with drift counteraction for electronic noses using augmented convolutional neural network[J]. Sensors and Actuators B: Chemical, 2022, 351: 130986.

[125] Woo S, Park J, Lee J Y, et al. CBAM: convolutional block attention module[C]// European Conference on Computer Vision. Cham: Springer, 2018: 3-19.

[126] Li H, Kadav A, Durdanovic I, et al. Pruning filters for efficient ConvNets[C]. Toulon: arXiv preprint, 2017: arXiv: 1608. 08710.

[127] 李广立. 基于神经网络的移动端车型识别系统设计与实现[D]. 济南: 山东大学, 2020.

[128] Savitzky A, Golay M J E. Smoothing and differentiation of data by simplified least squares procedures[J]. Analytical Chemistry, 1964, 36(8): 1627-1639.

[129] Zhang H, Wu C R, Zhang Z Y, et al. ResNeSt: Split-attention networks[C]//2022 IEEE/CVF Conference on Computer Vision and Pattern Recognition Workshops (CVPRW). New Orleans: IEEE, 2022: 2735-2745.

[130] Liu Z, Lin Y T, Cao Y, et al. Swin Transformer: Hierarchical Vision Transformer using Shifted Windows[C]//2021 IEEE/CVF International Conference on Computer Vision (ICCV). Montreal: IEEE, 2021: 9992-10002.

[131] Chen L Y, Wu C C, Chou T I, et al. Development of a dual MOS electronic nose/camera system for improving fruit ripeness classification[J]. Sensors, 2018, 18(10): 3256.

[132] Yang Z W, Gao J Y, Wang S C, et al. Synergetic application of E-tongue and E-eye based on deep learning to discrimination of Pu-erh tea storage time[J]. Computers and Electronics in Agriculture, 2021, 187: 106297.

[133] Koch G, Zemel R, Salakhutdinov R. Siamese neural networks for one-shot image recognition [C]// Proceedings of the 32nd International Conference on Machine Learning Deep Learning. New York: ACM, 2015: 37.

[134] Dettmers T, Minervini P, Stenetorp P, et al. Convolutional 2D knowledge graph embeddings [C]// Proceedings of the 32nd AAAI Conference on Artificial Intelligence. New Orleans: AAAI Press, 2018: 1811-1818.

[135] Kedziora D J, Musial K, Gabrys B. AutonoML: Towards an Integrated Framework for Autonomous Machine Learning[M]. Norwell: Now Publishers Inc, 2024.

[136] Li Z Z, Hoiem D. Learning without forgetting[J]. IEEE Transactions on Pattern Analysis and Machine Intelligence, 2018, 40(12): 2935-2947.

[137] Shmelkov K, Schmid C, Alahari K. Incremental learning of object detectors without catastrophic forgetting[C]//2017 IEEE International Conference on Computer Vision (ICCV). Venice: IEEE, 2017: 3420-3429.

[138] 陶品, 张钹, 叶榛. 构造型神经网络双交叉覆盖增量学习算法[J]. 软件学报, 2003, 14(2): 194-201.

[139] Ruping S. Incremental learning with support vector machines[C]//Proceedings 2001 IEEE International Conference on Data Mining. San Jose: IEEE, 2001: 641-642.

[140] Castro F M, Marín-Jiménez M J, Guil N, et al. End-to-end incremental learning[C]// European Conference on Computer Vision. Cham: Springer, 2018: 241-257.

[141] Hinton G, Vinyals O, Dean J. Distilling the knowledge in a neural network[J]. arXiv preprint, 2015: arXiv: 1503. 02531.

[142] Rebuffi S A, Kolesnikov A, Sperl G, et al. iCaRL: Incremental classifier and representation learning[C]//2017 IEEE Conference on Computer Vision and Pattern Recognition (CVPR). Honolulu: IEEE, 2017: 5533-5542.

[143] Rodriguez A, Laio A. Clustering by fast search and find of density peaks[J]. Science, 2014, 344(6191): 1492-1496.

[144] Ostapenko O, Puscas M, Klein T, et al. Learning to remember: A synaptic plasticity driven framework for continual learning[C]//2019 IEEE/CVF Conference on Computer Vision and Pattern Recognition (CVPR). Long Beach: IEEE, 2019: 11313-11321.

编 后 记

"博士后文库"是汇集自然科学领域博士后研究人员优秀学术成果的系列丛书。"博士后文库"致力于打造专属于博士后学术创新的旗舰品牌，营造博士后百花齐放的学术氛围，提升博士后优秀成果的学术影响力和社会影响力。

"博士后文库"出版资助工作开展以来，得到了全国博士后管委会办公室、中国博士后科学基金会、中国科学院、科学出版社等有关单位领导的大力支持，众多热衷于博士后事业的专家学者给予了积极的建议，工作人员做了大量艰苦细致的工作。在此，我们一并表示感谢！

"博士后文库"编委会